"创新设计思维"
数字媒体与艺术设计类
新形态丛书

Pr

Premiere Pro CC

视频剪辑基础教程 移|动|学|习|版

互联网＋数字艺术教育研究院 策划

严飞 范兴亮 柳冰蕊 主编　**谭蓉 郭亚琴 王蕊** 副主编

U0287830

人民邮电出版社
北　京

图书在版编目（CIP）数据

Premiere Pro CC视频剪辑基础教程：移动学习版 /
严飞，范兴亮，柳冰蕊主编. -- 北京：人民邮电出版社，
2023.4（2024.3重印）
（"创新设计思维"数字媒体与艺术设计类新形态丛书）
ISBN 978-7-115-61209-0

Ⅰ．①P… Ⅱ．①严… ②范… ③柳… Ⅲ．①视频编
辑软件－教材 Ⅳ．①TN94

中国国家版本馆CIP数据核字（2023）第030983号

内 容 提 要

  Premiere 是一款深受个人和企业青睐的视频编辑软件，在影视后期、视频广告等领域被广泛应用。本书以 Premiere Pro 2022 为基础，讲解 Premiere 在视频剪辑中的应用。全书共 10 章，内容包括 Premiere 视频剪辑基础、视频剪辑的基本操作、剪辑视频、添加视频过渡效果、制作视频特效、视频后期合成、创建字幕与图形、音频处理与效果应用、渲染与导出文件及综合案例。本书设计了"疑难解答""技能提升""提示""资源链接"等小栏目，并且附有操作视频及效果展示等。

  本书不仅可作为高等院校数字媒体艺术、数字媒体技术、视觉传达设计、环境设计等专业的教材，还可作为相关行业工作人员学习的参考书。

◆ 主　　编　严　飞　范兴亮　柳冰蕊
　　副主编　谭　蓉　郭亚琴　王　蕊
　　责任编辑　李媛媛
　　责任印制　王　郁　陈　犇

◆ 人民邮电出版社出版发行　　北京市丰台区成寿寺路 11 号
　　邮编　100164　电子邮件　315@ptpress.com.cn
　　网址　https://www.ptpress.com.cn
　　涿州市般润文化传播有限公司印刷

◆ 开本：787×1092　1/16
　　印张：14　　　　　　　　2023 年 4 月第 1 版
　　字数：373 千字　　　　　2024 年 3 月河北第 3 次印刷

定价：59.80 元

读者服务热线：(010)81055256　印装质量热线：(010)81055316
反盗版热线：(010)81055315
广告经营许可证：京东市监广登字 20170147 号

前言 PREFACE

随着视频行业的快速发展，市场对视频剪辑人才的需求逐渐增加，因此，很多院校都开设了与视频剪辑相关的课程，但目前市场上很多教材的教学结构、所使用的软件版本很难满足当前的教学需求。鉴于此，我们认真总结了教材编写经验，用2~3年的时间深入调研各类院校对教材的需求，组织了一批具有丰富教学经验和实践经验的优秀作者编写了本书，以帮助各类院校快速培养优秀的视频剪辑人才。

 本书特色

本书以设计案例带动知识点的方式，全面讲解Premiere视频剪辑的相关操作，本书的特色可以归纳为以下5点。

- 精选Premiere视频剪辑基础知识，轻松迈过Premiere视频剪辑门槛。本书先介绍视频剪辑的常用术语、手法和基本流程等基础知识，再介绍Premiere的工作界面、面板、项目与序列设置、素材编辑等知识，让读者对Premiere有基本的了解。
- 课堂案例+软件功能介绍，快速掌握Premiere进阶操作。基础知识讲解完后，以课堂案例形式引入知识点。课堂案例充分考虑了案例的商业性和知识点的实用性，注意培养读者的学习兴趣，提升读者对知识点的理解与应用能力。课堂案例讲解完后，讲解Premiere的重要知识点，包括工具、命令、特效、字幕和音频等，从而让读者进一步掌握Premiere视频剪辑的相关操作。
- 课堂实训+课后练习，巩固并强化Premiere操作技能。主要知识讲解完后，通过课堂实训和课后练习进一步巩固并提升读者在视频剪辑方面的操作技能。其中，课堂实训提供了完整的实训背景、实训思路，以帮助读者梳理和分析实训操作，再通过步骤提示给出关键步骤，让读者进行同步训练；课后练习可进一步训练读者的操作能力。
- 设计思维+技能提升+素养培养，培养高素质专业型人才。在设计思维方面，本书不管是课堂案例，还是课堂实训，都融入了设计需求和思路，还通过"设计素养"小栏目体现了设计标准、设计理念、设计思维。另外，本书还通过"技能提升"小栏目，帮助读者拓展设计思维，提升设计能力。本书案例精心设计，涉及传统文化、创新思维、爱国情怀、艺术创作、文化自信、工匠精神、环保节能、职业素养等，引发读者的思考和共鸣，多方面培养读者的能力与素养。
- 真实商业案例设计，提升综合应用与专业技能。本书最后一章通过讲解广告制作、宣传片制作、节目包装制作、Vlog制作和电商短视频制作等具有代表性的商业案例，提升读者综合运用Premiere知识的能力。

 教学建议

本书的参考学时为48学时，其中讲授环节为22学时，实训环节为26学时。各章的参考学时可参见下表。

章序	课程内容	学时分配	
		讲授	实训
第1章	Premiere视频剪辑基础	2	1
第2章	视频剪辑的基本操作	2	1
第3章	剪辑视频	3	3
第4章	添加视频过渡效果	2	2
第5章	制作视频特效	3	4
第6章	视频后期合成	3	4
第7章	创建字幕与图形	3	3
第8章	音频处理与效果应用	2	2
第9章	渲染与导出文件	1	1
第10章	综合案例	1	5
学时总计		22	26

 配套资源

本书提供立体化教学资源，教师可登录人邮教育社区（www.ryjiaoyu.com），在本书页面中进行下载。本书的配套资源主要包括以下6类。

 + + + + + + +

视频资源　　　素材与效果文件　　拓展案例　　　模拟试题库　　　PPT和教案　　　拓展资源

- 视频资源　在讲解与Premiere相关的操作及展示案例效果时均配套了相应的视频，读者可扫描相应的二维码进行在线学习，也可以扫描下图二维码关注"人邮云课"公众号，输入校验码：61209，将本书视频"加入"手机上的移动学习平台，利用碎片时间轻松学。
- 素材与效果文件　提供书中案例涉及的素材与效果文件。
- 拓展案例　提供拓展案例（本书最后一页）涉及的素材与效果文件，便于读者进行练习和自我提升。
- 模拟试题库　提供丰富的与Premiere相关的试题，读者可自由组合生成不同的试卷进行测试。
- PPT和教案　提供PPT和教案，以辅助教师开展教学工作。
- 拓展资源　提供视频、音频、Premiere模板等素材，以及Premiere使用技巧等文件。

"人邮云课"
公众号

编　者
2023年3月

目录 CONTENTS

第3章 剪辑视频

第4章 添加视频过渡效果

第5章 制作视频特效

第6章 视频后期合成

第7章 创建字幕与图形

第 1 章

Premiere视频剪辑基础

Premiere是较为常用的视频剪辑软件，具有强大的视频和音频剪辑功能，是视频剪辑爱好者和专业人士必不可少的工具。用户在使用Premiere进行视频剪辑前，需要先对视频剪辑的基础知识、基本流程，以及Premiere界面、面板等进行全面的了解，这样才能在视频剪辑过程中快速应用相关知识，高效地完成视频剪辑工作。

📖 学习目标

◎ 了解视频剪辑的基础知识

◎ 认识Premiere

◎ 掌握视频剪辑的基本流程

◈ 素养目标

◎ 提升对视频剪辑工作的理解和分析能力

◎ 增强对视频剪辑的学习兴趣

◈ 案例展示

"做发光的金子，让自己闪耀"励志广告宣传片

视频剪辑基础

在Premiere中进行视频剪辑前，需要先了解视频剪辑的基本概念、常用术语和常用手法，掌握视频剪辑的基本流程，这样才能高效地学习视频剪辑，为之后的工作和学习带来便利。

1.1.1 认识视频剪辑

"editing"一词在英文中译为"编辑"，在德语中译为"裁剪"，而在法语中原为建筑学术语，译为"构成""装配"，后来被用于电影，译为"蒙太奇"。而我国电影则将"editing"译为"剪辑"，即剪而辑之，剪与辑二者相辅相成、不可分割。

视频剪辑即将影片制作中拍摄的大量素材，经过选择、取舍、切割与合并，以及添加图片、背景音乐、特效等进行重新组接，最终形成一个连贯流畅、结构完整、主题鲜明且具有艺术感染力和表现力的新视频。

一般来说，视频剪辑通常包括画面剪辑和声音剪辑两个部分。画面剪辑主要围绕如何分解动作和组合动作来进行，声音剪辑则与画面的动作相匹配，最终获得声画紧密结合的良好艺术效果，增强视频的艺术表现力和感染力。视频剪辑需要根据整体结构和节奏对所有素材进行调整，而且在整个剪辑过程中，既要保证镜头与镜头之间叙事的自然、流畅、连贯，又要突出镜头的内在表现，即达到叙事与表现的统一。

1.1.2 视频剪辑中的常用术语

在视频剪辑过程中，经常会遇到帧、帧速率、场等专用名词，这些名词是视频剪辑中的常用术语，了解这些常用术语有利于后续的剪辑操作。

1. 帧和帧速率

帧和帧速率对视频画面的流畅度、清晰度，以及文件大小等都有着重要的影响。

- **帧**：帧相当于电影胶片上的每一格镜头，一帧就是一个静止的画面，连续的多帧就能形成动态效果。
- **帧速率**：帧速率（Frames Per Second，FPS）是指每秒传输的帧数（单位：帧/秒），即通常所说的视频的画面数。一般来说，帧速率越大，视频画面越流畅，但同时视频文件大小也会增加，进而影响视频的后期编辑、渲染及输出等环节。

> 🔔 **提示**
>
> 使用视频剪辑软件剪辑视频时，软件会使用算法（差值法、光流法等）自动统一帧速率，以保证视频的流畅度。因此，使用Premiere剪辑视频时，应尽量让序列的帧速率和视频的帧速率相匹配。

2．场

场是一种视频扫描方式。视频扫描分为隔行扫描和逐行扫描。隔行扫描的每一帧由两个场组成：一个是奇场，是扫描帧的全部奇数场，又称为上场；另一个是偶场，是扫描帧的全部偶数场，又称为下场。场以水平分隔线的方式隔行保存帧的内容，显示时将先显示第1个场的交错间隔内容，再显示第2个场，其作用是填充第1个场留下的缝隙。逐行扫描会同时显示每帧的所有像素，从显示屏的左上角一行接一行地扫描到右下角，扫描一遍就能够显示一个完整的图像，即为无场。

3．电视制式

电视制式是指电视信号的标准，可以简单地理解为用来显示电视图像或声音信号所采用的一种技术标准。世界上主要使用的电视制式有国家电视制式委员会（National Television Standards Committee，NTSC）、逐行倒相（Phase Alteration Line，PAL）和按顺序传送彩色与存储（Sequential Color and Memory，SECAM）3种，这3种电视制式之间存在着一定的差异，如表1-1所示。

表1-1

电视制式	水平线	帧速率
NTSC	525 条	29.97 帧 / 秒
PAL	625 条	25 帧 / 秒
SECAM	625 条	25 帧 / 秒

4．时间码

时间码是摄像机在记录图像信号时，针对每一个图像记录的时间编码。通过为视频的每一帧分配一个数字，用以表示小时、分钟、秒钟和帧数。其格式：××H××M××S××F。其中的××代表数字，也就是以小时:分钟:秒钟:帧数的形式确定每一帧的位置。在Premiere工作界面中的"源"面板（见图1-1）、"节目"面板（见图1-2）、"时间轴"面板（见图1-3）中都可以看到时间码。

图1-1　"源"面板中的时间码

图1-2　"节目"面板中的时间码

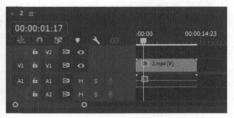
图1-3　"时间轴"面板中的时间码

🔔 **提示**

默认情况下，Premiere会为素材显示最初写入源媒体的时间码，可以选择【编辑】/【首选项】/【媒体】命令，打开"首选项"对话框，在"时间码"下拉列表中重新设置时间码。

5．像素与分辨率

像素通常以每英寸的像素数（Pixels Per Inch，PPI）来衡量，单位面积内的像素越多，分辨率越高，所显示的图像就越清晰。

分辨率主要用于控制屏幕显示图像的精密度，是指单位长度内包含的像素的数量。分辨率的计算方法：横向的像素数量×纵向的像素数量。例如1024×768就表示每一条水平线上包含1024个像素，共有768条水平线。不同视频所显示的分辨率不同，例如普通的标清视频的分辨率为720×576、高清视频的分辨率为1920×1080。当构成数字视频的像素数量巨大时，可用K来表示，例如2K视频的分辨率为2048×1080、4K视频的分辨率为4096×2160。

6. 像素宽高比和屏幕宽高比

很多初学者在学习视频剪辑时容易混淆像素宽高比和屏幕宽高比，导致剪辑视频时出现一些问题，因此我们需要对这两者进行学习并加以区分。

- 像素宽高比：像素宽高比是指图像中的一个像素的宽度与高度之比，例如正方形像素的像素宽高比为1：1，如图1-4所示。像素在计算机和电视中的显示并不相同，通常在计算机中为正方形像素，在电视中为矩形像素。因此，在选择像素宽高比时需要先确定视频文件的输入终端。若在计算机上输入，则一般选择"正方形像素"；若在电视上或宽屏电视上输入，则需要选择相应的像素宽高比，避免视频画面变形。

- 屏幕宽高比：屏幕宽高比是指屏幕画面横向和纵向的比例，在不同的显示设备上，屏幕宽高比会有所不同。一般来说，标准清晰度电视采用的屏幕宽高比为4：3，如图1-5所示，高清晰度电视采用的屏幕宽高比为16：9，如图1-6所示。除了这些比例外，电影院还经常采用2.35：1、2.39：1、21：9等超大比例，给人一种更震撼的沉浸式视觉效果。

图1-4　正方形像素

图1-5　4：3屏幕宽高比

图1-6　16：9屏幕宽高比

1.1.3　视频剪辑的常用手法

在视频剪辑过程中，通常需要合理运用视频剪辑手法来改变视频画面的视角，推动视频的内容朝着创作者的目标方向发展，让视频更加精彩。

1. 标准剪辑

标准剪辑是指将视频素材按照时间顺序进行拼接组合，制作成最终的视频。对于大部分没有剧情，只是简单地、按照时间顺序拍摄的视频，大多采用标准剪辑手法进行剪辑。

2. 匹配剪辑

匹配剪辑是指利用镜头中的影调色彩、景别、角度、动作、运动方向的匹配进行场景转换的剪辑手法。匹配剪辑常用于连接两个视频画面中动作一致或者构图一致的场景，以形成视觉连续感。匹配剪辑也经常用于转场，使图像具有动感，从一个场景跳到另一个场景，在视觉上形成酷炫转场的效果。

3. 跳跃剪辑

跳跃剪辑用于对同一镜头进行剪接，即两个视频画面中的场景不变，但其他事物发生了变化，其剪辑方式与匹配剪辑相反。跳跃剪辑通常用来表现时间的流逝，可以用于关键剧情和视频画面中，通过剪掉中间镜头来省略时间并突出速度感，以增强画面的急迫感和节奏感，如常见的卡点换装类短视频。

4. J Cut

J Cut是一种声音先入的剪辑手法，是指下一视频画面中的音效在画面出现前响起，适用于给视频画面引入新的元素。在剪辑视频时，J Cut剪辑手法通常不容易被观众意识到，但经常被使用。例如，剪辑风景类视频时，在视频画面出现之前，先响起山中小溪的潺潺流水声，吸引观众的注意力并使其在脑海中想象出一幅美丽的山水画面。

5. L Cut

L Cut是让上一视频画面的音效一直延续到下一视频画面中的剪辑手法，这种剪辑手法在视频剪辑中很常用，甚至在一些角色间的简单对话中也会用到。

> **提示**
>
> J Cut和L Cut两种剪辑手法都是为了保证两个视频画面之间的节奏不被打断，营造流畅的过渡效果，起到承上启下的作用，通过音效引导观众关注视频的内容。

6. 动作剪辑

动作剪辑是指把一个动作用两个画面来连接的剪辑方法。动作剪辑让视频画面在人物角色或拍摄主体仍在运动时进行切换，剪辑点（剪辑点是指视频中由一个镜头切换到下一个镜头的组接点）可以根据动作施展方向，或者在人物转身或拍摄主体发生明显变化的简单镜头中进行切换。

动作剪辑多用于动作类视频或影视剧中，能够较自然地展示人物的动作画面，也可以增强视频内容的故事性和吸引力。

7. 交叉剪辑

交叉剪辑是让视频画面在两个不同的场景间来回切换的剪辑手法，通过频繁地来回切换建立角色之间的交互关系，例如影视剧中打电话的镜头常使用交叉剪辑。

在视频剪辑中，使用交叉剪辑能够提升内容的节奏感，增加内容张力的同时营造悬念，从而引导观众的情绪，使其更加关注视频内容。

8. 蒙太奇

蒙太奇是指当视频在描述一个主题时，可以将一连串相关或不相关的视频画面组合起来，共同衬托和表达这个主题，产生暗喻的作用。蒙太奇被广泛应用于电影、电视等多媒体画面中，包括叙事蒙太奇和表现蒙太奇两类。

- 叙事蒙太奇：叙事蒙太奇以交代情节、展示事件为目的，按照视频中情节、事件发展的时间流程、因果关系来剪切组合镜头，从而引导观众理解视频内容，给人以逻辑连贯、简明易懂的感觉。叙事蒙太奇又分为连续蒙太奇、平行蒙太奇、交叉蒙太奇和重复蒙太奇等。
- 表现蒙太奇：表现蒙太奇以激发观众的联想，暗示或创造更为丰富的寓意为目的，按照视频中画面的内在联系来剪切组合镜头，从而表达创作者的某种心理、思想、情感和情绪等。与叙事蒙太奇相比，表现蒙太奇不太注重事件的逻辑、连贯性，更能表现创作者的主观意图。表现蒙太奇又分为对比蒙太奇、隐喻蒙太奇、心理蒙太奇和抒情蒙太奇等。

1.2
视频剪辑的基本流程

视频剪辑并不是凭空臆想、随意操作的，而是根据视频剪辑的基本流程一步一步进行的，这样才能在做到有条理、有目标、有规划的同时提高工作效率。

1.2.1 确定剪辑思路

视频剪辑通常需要按照时间为素材排序，且需要剪辑人员从众多的视频素材中选择需要的素材并明确剪辑目标，即确定剪辑思路。确定剪辑思路是进行视频剪辑的关键步骤，也是影响视频质量的重要因素。由于视频类型、主题的不同，剪辑思路也会存在差别，下面讲解一些常用的剪辑思路。

1. 排比

排比的剪辑思路是指在剪辑视频素材时，利用匹配剪辑的手法，对多组不同场景、相同角度、相同行为的镜头进行组合，将镜头按照一定的顺序排列在视频轨道的时间轴中，剪辑出具有动感的视频。

2. 逻辑

逻辑的剪辑思路是指利用两个事物之间的动作衔接匹配，将两个视频素材组合在一起。例如，一个人在家打开门，然后出门就走到了一个景点；或者前一个镜头中主角跳起来，下一个镜头就转换到了游泳池或大海中等。

3. 相似

相似的剪辑思路是指利用不同场景、不同物体的相似形状或相似颜色，对多组不同的视频素材进行组合，例如投篮这一个动作，可以根据不同的手和背景，将同一景别、相似动作的画面剪辑在一起。

4. 戏剧

戏剧的剪辑思路是指在视频剪辑过程中，通过调整重点或关键镜头出现的时机和顺序，选择最佳剪辑点，使每一个镜头都在剧情展开的最恰当时间出现，让剧情更具逻辑性和戏剧性，从而提高整个视频的观赏性，给予观众剧情反转的冲击感。

5. 表现

表现的剪辑思路是指在保证剧情叙事连贯流畅的同时，进行大胆简化或跳跃性的剪辑，将一些对比和类似的镜头并列，突出某种情绪，达到揭示内在含义、渲染气氛的效果，从而让剧情一步到位，直击观众内心，使视频更具震撼性。例如，很多影视剧在表现某种意外情况的震撼性时，通常会剪辑出现场不同人物的表情，以渲染剧情氛围、激发观众的情绪。

6．节奏

节奏的剪辑思路是指利用长短镜头交替和画面转换快慢，在剪辑上控制画面的时间，掌握转换的节奏，控制观众的情绪起伏，从而达到预期的效果。

1.2.2　搜集和整理素材

素材是视频的组成部分，在Premiere中剪辑视频不只需要剪切视频素材片段，还需要对视频进行编辑，即将搜集的单个素材组合成一个连贯、完整的整体，并对搜集的素材进行整理，便于后续进行剪辑、输出操作。

1．搜集素材

视频剪辑中常见的素材有文字素材、图像素材、音视频素材、项目模板素材、插件素材等，剪辑人员可以通过网络搜集、实地拍摄、合作方提供等方式搜集素材。

- ● 网络搜集：网络搜集是指在互联网上通过各种资源网站，如通过千图网、花瓣网、摄图网等搜集一些图片、音频、视频、项目模板等素材，但在使用时要注意版权。
- ● 实地拍摄：为了制作出视觉效果突出的视频，剪辑人员可以根据实际情况实地拍摄素材。在进行实地拍摄前应该做好准备工作，例如检查拍摄器材的电池电量是否充足，检查DV带是否准备充足；若需要进行长时间拍摄，则还应该准备三脚架。另外，还要确定拍摄的主题，考察实地拍摄现场的大小、灯光情况和主场景的位置等。
- ● 合作方提供：除了以上两种搜集素材的方式外，剪辑人员还可以从合作方处获得剪辑视频需要的文字、图像和音视频等素材。

2．整理素材

完成素材的搜集后，可以将这些素材保存到指定的位置，并根据素材的不同类别进行分组管理，便于下次查找，例如可将拍摄的所有视频素材按照时间顺序或视频脚本中设置的剧情顺序进行排序归类，以提高工作效率。

1.2.3　剪辑视频

剪辑视频是指对整理后的视频素材按照剪辑思路进行归纳、剪切、拼接，删除不需要的视频，并将内容合适的视频重新组合起来，使其符合实际需求，然后在此基础上通过为视频添加过渡效果、特效，以及对视频进行调色等操作提升画面的美观度，再根据画面需求添加文字和背景音乐，丰富视频内容，进一步突出视频主题。

1.2.4　输出视频

完成前面的操作后，一个完整的视频基本上就制作完成了，此时可输出视频，使视频能通过移动设备进行传播，并能通过视频播放器进行播放，让其他人也能轻松观看视频。需要注意的是，在输出视频前需要先保存视频源文件，便于下次修改。

初识Premiere

Premiere是Adobe公司出品的音视频非线性编辑软件，支持当前大部分标清和高清格式视频的实时编辑，支持采集、剪辑、调色、美化、音频与字幕添加、输出、DVD刻录等操作，且它和其他Adobe系列软件紧密集成、相互协作，能满足用户制作高质量作品的需求。在使用Premiere 剪辑视频之前，我们应该对其工作界面和面板有基本的认识。

1.3.1 认识 Premiere 的工作界面

启动Premiere后，会自动显示其主界面，在其中单击 新建项目… 按钮，打开"新建项目"对话框，设置项目名称和位置后，单击 确定 按钮，可进入Premiere的工作界面，如图1-7所示。它主要由标题栏、菜单栏和工作区组成。

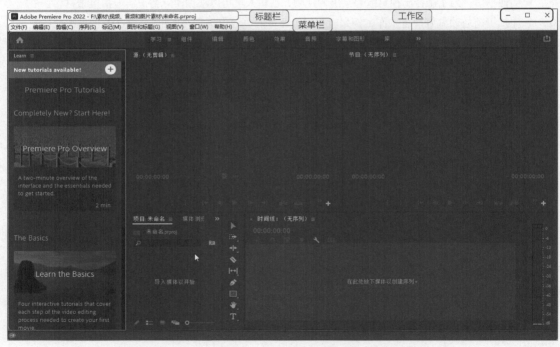

图 1-7　Premiere 的工作界面

1. 标题栏

标题栏包括Premiere的软件图标 Pr、Premiere的版本信息、项目文件的保存路径，以及窗口控制按钮组 ─ □ ×。单击 Pr 图标，可在弹出的下拉菜单中选择相应的命令，以对窗口进行移动、最小化、最大化和关闭等操作。

2. 菜单栏

菜单栏中主要包括9个菜单命令，选择需要的菜单命令，可在弹出的下拉菜单中选择更多需要执行的命令。

- "文件"菜单命令：主要用于进行文件的新建，以及项目的打开、关闭、保存、导入、导出等操作。
- "编辑"菜单命令：主要用于进行一些基本的文件编辑操作。
- "剪辑"菜单命令：主要用于进行视频的剪辑等操作。
- "序列"菜单命令：主要用于进行序列设置等操作。
- "标记"菜单命令：主要用于进行标记入点、标记出点、标记剪辑等操作。
- "图形和标题"菜单命令：主要用于进行从Adobe Fonts中添加字体、安装动态图形模板、新建图层等操作。
- "视图"菜单命令：主要用于显示标尺和参考线，以及锁定、添加和清除参考线等。
- "窗口"菜单命令：主要用于显示和隐藏Premiere工作区的各个面板。选择"窗口"菜单命令后，在打开的下拉菜单中可以看到各面板命令。面板命令左侧若出现✓标记，则代表该面板已经显示在工作区中了；再次选择该面板命令，✓标记会消失，说明该面板已被隐藏。
- "帮助"菜单命令：主要用于快速访问Premiere的帮助手册和相关教程，以及了解关于Premiere的相关法律声明和系统信息。

3. 工作区

Premiere的工作区主要由各个面板组成。在工作区最上方可以选择不同模式，包括学习（默认的工作区）、组件、编辑、颜色、效果、音频、字幕和图形、库8种。若需要更多模式的工作区，可选择【窗口】/【工作区】命令，在展开的子菜单中选择需要的工作区。

1.3.2 熟悉 Premiere 的常用面板

面板是使用Premiere进行视频剪辑的重要工具，熟悉并掌握面板的相关知识，能够更便捷地使用Premiere，最大限度地发挥Premiere的功能。

1. "项目"面板

"项目"面板主要用于存放和管理导入的素材（包括视频、音频、图像等），以及在Premiere中创建的序列文件等，如图1-8所示。在"项目"面板中单击"新建素材箱"按钮■可新建类似于文件夹的素材箱，且可将素材添加到素材箱中进行分类管理，如图1-9所示。

图1-8　"项目"面板

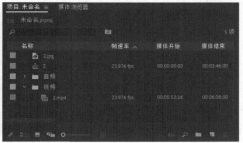

图1-9　新建素材箱

2. "时间轴"面板

"时间轴"面板是用来对视频、音频等素材进行剪辑的主要面板，素材在"时间轴"面板中按照时间的先后顺序从左到右排列在各自的轨道上（音频素材位于音频轨道上，其他素材位于视频轨道上），如图1-10所示。单击激活"时间轴"面板中的时间码，输入具体时间后按【Enter】键，或拖曳时间指示器，可指定当前帧的位置。

3. "效果"面板

"效果"面板用于存放Premiere自带的各种视频、音频特效等，主要有"预设""Lumetri预设""音频效果""音频过渡""视频效果""视频过渡"等类别。单击每个类别左侧的 图标，可展开指定的效果文件夹，如图1-11所示。

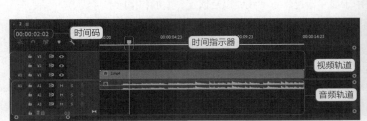

图1-10　"时间轴"面板　　　　　　　　　　图1-11　"效果"面板

4. "效果控件"面板

在"时间轴"面板中任意选择一个素材后，可以在"效果控件"面板中设置该素材的运动、不透明度和时间重映射3种默认效果，如图1-12所示。为素材添加新的效果后，也可在"效果控件"面板中设置该效果的参数。单击效果左侧的 图标，可展开参数对应栏，如图1-13所示。

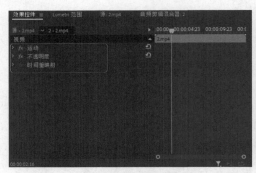
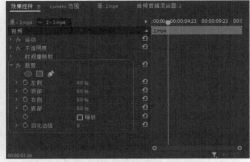

图1-12　"效果控件"面板中的默认效果　　　　图1-13　"效果控件"面板中的其他效果

5. "源"面板

"源"面板主要用于预览还未添加到"时间轴"面板中的源素材。在"项目"面板中双击某个源素材，即可在"源"面板中预览该素材的效果，如图1-14所示。

6. "节目"面板

"节目"面板主要用于预览"时间轴"面板中时间指示器所处位置的帧效果，它也是最终视频输出效果的预览面板，如图1-15所示。与"源"面板不同的是，"节目"面板下方的按钮同样适用于"时间轴"面板。

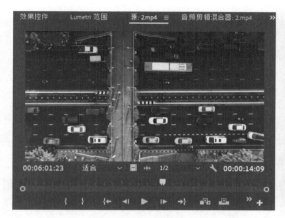

图1-14　"源"面板

图1-15　"节目"面板

7．"工具"面板

"工具"面板中的工具主要用于在"时间轴"面板中编辑素材。在"工具"面板中单击需要的工具后，将鼠标指针移动到"时间轴"面板中的轨道上，鼠标指针就会变成该工具的形状。另外，在"工具"面板中，有的工具右下角有一个小三角图标，表示该工具位于工具组中，其中还隐藏有其他工具。在该工具组上按住鼠标左键，可显示隐藏在该工作组中的工具，如图1-16所示。

8．"历史记录"面板

"历史记录"面板主要用于记录用户在Premiere中进行的所有操作，如图1-17所示。在操作出错后，可在该面板中单击错误操作前的历史状态，或按【Ctrl+Z】组合键撤销操作。单击面板名称右侧的▤按钮，在弹出的下拉菜单中选择"清除历史记录"命令，可清除"历史记录"面板中的所有历史状态。若只需删除某一个历史状态，可选中该历史状态，单击"删除可重做的动作"按钮▤，或者直接按【Delete】键删除所选历史状态。

图1-16　"工具"面板

图1-17　"历史记录"面板

除了以上这些常用面板外，Premiere还有许多其他的面板，如"信息"面板、"音频剪辑混合器"面板、"Lumetri范围"面板、"Lumetri颜色"面板、"基本图形"面板、"标记"面板等。由于工作区布局有限，因此有些面板被隐藏了，可使用菜单栏中的"窗口"菜单命令来调整工作区中显示的面板。

1.3.3 自定义 Premiere 的工作区

在视频剪辑过程中，用户如果对工作区中面板的分布不满意，可对其进行自定义设置，创建适合自己的工作区。

1. 调整面板的大小

Premiere中每个面板的大小并不是固定不变的，用户可根据需要自行调整。其操作方法为：将鼠标指针移至面板与面板之间的分隔线上，当鼠标指针变为双向箭头标记 时，按住鼠标左键进行拖曳，调整面板大小。图1-18所示为调整面板大小的前后效果。

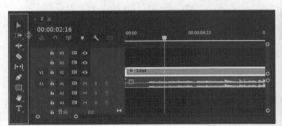

图1-18　调整面板大小的前后效果

2. 拆分和组合面板

两个及两个以上的面板组合在一起即为面板组，将面板组中的某个面板拖曳到其他面板组中即可拆分面板组。用户可根据需要对面板进行组合与拆分操作，创建更符合自身操作习惯的工作区。其操作方法：单击想要组合或拆分的面板，按住鼠标左键，将其拖曳到目标面板的顶部、底部、左侧或右侧，在目标面板出现暗色预览后释放鼠标左键，如图1-19所示。

若需要在同一面板组中移动面板，可直接单击需要移动的面板，按住鼠标左键，将其拖曳到目标位置，原位置的其他面板将会向前或向后移动。

3. 将面板设置为浮动面板

默认情况下，面板是嵌入工作区中的。如果想使其成为独立的窗口，浮于工作区上方，保持置顶的效果，以便随时调整面板的位置，可将面板设置为浮动面板。其操作方法：单击面板名称右侧的 按钮，在打开的下拉菜单中选择"浮动面板"命令。此时面板将浮动显示，如图1-20所示，拖曳浮动面板顶部的白色区域可调整该面板的位置。

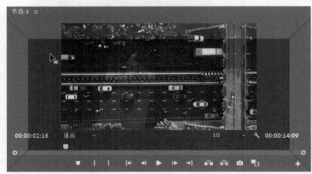

图1-19　组合或拆分面板　　　　　　　　　　图1-20　浮动面板

此外，选中面板，按住鼠标左键，拖曳面板到工作区之外，也可以将该面板设置为浮动面板。

4. 保存自定义工作区

调整面板和面板组后，可保存调整好的工作区，以便日后随时使用。其操作方法：选择【窗口】/【工作区】/【另存为新工作区】命令，在打开的"新建工作区"对话框中设置新工作区的名称，然后单击 确定 按钮。此时新工作区将会自动出现在Premiere的工作界面中，如图1-21所示。

图1-21　保存自定义工作区

5. 编辑工作区

若需删除新工作区（默认工作区不能删除）、调整工作区的顺序，可通过"编辑工作区"对话框来完成。其操作方法为：选择【窗口】/【工作区】/【编辑工作区】命令，打开"编辑工作区"对话框，选择需删除的工作区，单击 删除 按钮；或者选择需调整顺序的工作区，按住鼠标左键将其拖曳到合适的位置后释放鼠标左键，编辑完成后单击 确定 按钮。

6. 重置默认的工作区

编辑工作区后，也可将其恢复至之前默认的原始状态。其操作方法为：选择【窗口】/【工作区】/【重置为保存的布局】命令，或选择任意一种模式的工作区，单击当前工作区名称右侧的 ▤ 按钮，在弹出的下拉菜单中选择"重置为已保存的布局"命令，可重置为默认的工作区。

1.4 课堂实训

1.4.1 赏析视频中的剪辑手法

1. 实训背景

"做发光的金子，让自己闪耀"励志宣传片依次介绍了3位在训练中回忆自己从小到大在无数次受伤、摔倒中默默坚持训练，为梦想不断拼搏的运动员，体现出了"通过自身努力坚持下来的自己就是一块金子"的中心思想。

2. 实训思路

该励志宣传片的剪辑手法主要有以下几种。

（1）J Cut。在视频的开篇，主人公脑海中想起了小时候训练时教练说的"是金子，总会发光的"这句话，通过教练的声音引入主人公小时候的回忆，采用了J Cut的剪辑手法。

（2）交叉剪辑。在展现教练对主人公和其他小朋友说话的场景时，采用了交叉剪辑手法。在教练和其他小朋友的镜头间来回切换，交代了两组人物之间的关系，同时也使画面的节奏感更强。

（3）匹配剪辑。在展现主人公的训练场景时，采用了匹配剪辑手法。从一个奔跑的训练场景跳到其他动作相似的训练场景，展现了主人公日复一日坚持训练的恒心，如图1-22所示。

图1-22　宣传片中匹配剪辑的片段

1.4.2　创建并保存合适的工作区

1. 实训背景

为了使剪辑视频的工作更高效，可以在Premiere中创建一个适合视频剪辑的工作区，并将工作区保存下来，便于下次使用。

2. 实训思路

创建工作区时可以根据面板的功能，以及是否常用划分面积。例如"时间轴"面板是剪辑视频的核心工具，"节目"面板在视频剪辑中也非常常用，因此可以适当增加其面积；而"媒体浏览器"面板、"信息"面板、"标记"面板、"历史记录"面板等在视频剪辑时不常用，因此可以将其关闭。本实训完成后的参考效果如图1-23所示。

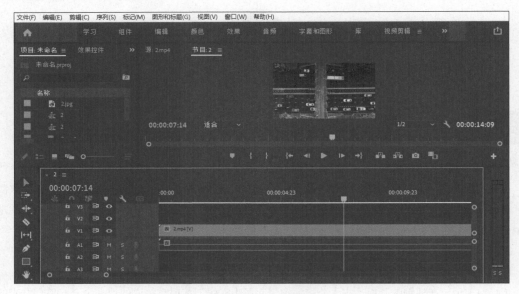

图1-23　自定义工作区

1.5
课后练习

练习 1 赏析广告短片"多余爱"

图1-24所示为广告短片"多余爱"的部分片段，请结合视频中的画面内容，分析短片使用的剪辑手法，熟悉剪辑思路。

图1-24 参考效果

练习 2 调整工作区

调整工作区，将Premiere默认的"音频"工作区调整为适合自己的音频剪辑工作区，可通过调整面板的大小与位置、打开和关闭面板、组合和拆分面板等操作进行调整。调整后还需要保存该工作区，便于下次操作时直接使用，参考效果如图1-25所示。

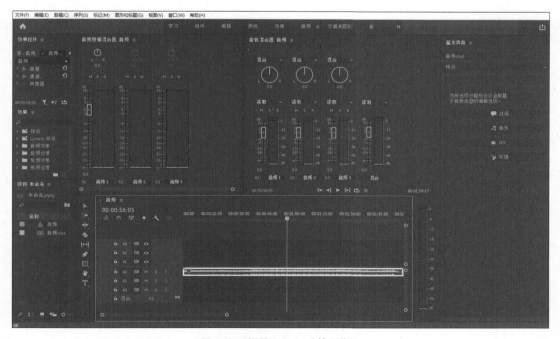

图1-25 调整 Premiere 的工作区

第 **2** 章 视频剪辑的基本操作

使用Premiere进行视频剪辑时，必须先新建并设置项目，然后新建并设置合适的序列，再将需要的素材导入"项目"面板中进行编辑与管理，便于在剪辑视频时直接使用。因此，新建与设置项目、新建与设置序列、编辑与管理素材是学习视频剪辑必须掌握的基本操作。

📖 学习目标

◎ 掌握新建与设置项目的操作方法
◎ 掌握新建与设置序列的操作方法
◎ 掌握编辑与管理素材的操作方法

◇ 素养目标

◎ 提升剪辑视频的动手和操作能力
◎ 提升对Premiere基础操作的熟练应用能力

◈ 案例展示

餐饮店宣传短视频

2.1
新建与设置项目

Premiere中的项目主要用于存储与序列和资源有关的信息，并记录所有的编辑操作，所以剪辑视频前，必须先新建一个项目，新建项目时还需要进行基本的设置，以符合剪辑需求。

2.1.1 新建项目

首次启动Premiere时会自动进入主界面，若之前已经打开过Premiere项目，则主界面右侧会显示之前打开过的项目，单击项目名称，可打开该项目，如图2-1所示。在该界面中单击 新建项目 按钮，打开"新建项目"对话框，设置项目参数后，单击 确定 按钮，即可新建项目，如图2-2所示。

图2-1 Premiere主界面

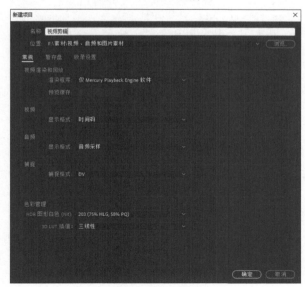

图2-2 "新建项目"对话框

若已经在Premiere中打开了项目，则选择【文件】/【新建】/【项目】命令或按【Ctrl + Alt + N】组合键也可新建项目，但当前打开的项目将会被关闭。

2.1.2 设置项目

在"新建项目"对话框中除了可以设置项目名称、项目存储位置之外，还可以进行项目的常规、暂存盘和收录的设置。

🔔 提示

项目名称应尽量不使用默认的名称，以便于管理项目。项目存储位置默认为系统盘，一般需要单击 浏览 按钮，在打开的"请选择新项目的目标路径"对话框中指定项目的存储路径。建议更改为当前计算机中内存空间最大的磁盘，系统盘文件过多会造成计算机卡顿。

1. 常规

在"新建项目"对话框的"常规"选项卡中可以更改Premiere默认的渲染程序（默认选择的是"仅Mercury Playback Engine软件"选项），若当前计算机中的显卡支持GPU加速，则可在"渲染程序"下拉列表中选择"Mercury Playback Engine GPU加速（OpenCL）"选项，以提高渲染速度，如图2-3所示。

图2-3 选择GPU加速

2. 暂存盘

在"新建项目"对话框的"暂存盘"选项卡可以查看相关文件的暂存位置，一般选择"与项目相同"选项，如图2-4所示；也可单击 浏览 按钮，打开"选择文件夹"对话框，重新选择保存路径。注意尽量选择内存空间较大的位置，以便有效提高Premiere的运行速度。

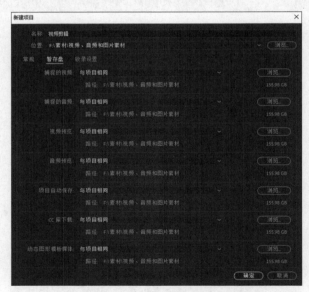

图2-4 "新建项目"对话框暂存盘设置

3. 收录

若需要对项目中的每个视频剪辑做预处理，或者计算机性能不高，无法顺畅地处理高清视频，则可以在"收录设置"选项卡中进行操作（要启用收录功能，需要先安装Adobe Media Encoder）。

> **提示**
>
> 创建项目后，项目的设置将应用于整个项目，若需要对项目进行更改，则可选择【文件】/【项目设置】命令，在弹出的子菜单中选择"常规""暂存盘"或"收录设置"命令，打开"项目设置"对话框，在其中可更改项目的部分设置，更改完成后单击 确定 按钮。

2.2 序列的基本操作

在Premiere中，序列相当于一个单独的小项目，可用于存放视频、音频、图片等素材。在序列中可以对这些素材进行编辑。一个项目可以由一个或多个序列组成。

2.2.1 新建序列

序列是视频剪辑的基础，Premiere中的大部分工作都在序列中完成，因此在剪辑视频前，需要先新建序列。

1. 新建空白序列

空白序列即没有任何内容的序列。若需要自行在序列中添加内容，则可以先新建一个空白序列，主要有以下3种方法。

- 通过按钮新建序列：在"项目"面板的右下角单击"新建项"按钮█，在弹出的下拉列表框中选择"序列"命令。
- 通过命令新建序列：选择【文件】/【新建】/【序列】命令。
- 通过"项目"面板新建序列：在"项目"面板的空白处单击鼠标右键，在弹出的下拉列表框中选择【新建项目】/【序列】命令。

执行上述3项操作都将打开"新建序列"对话框，设置序列参数后，单击 确定 按钮，即可新建序列，如图2-5所示。新建的空白序列会自动添加到"时间轴"面板中。

2. 基于素材新建序列

除了新建空白序列外，还可以将"项目"面板中的素材直接拖曳到"时间轴"面板中，或者在"项目"面板中选择素材，单击鼠标右键，在弹出的下拉列表框中选择"从剪辑新建序列"命令，创建一个与素材的名称和大小相同的新序列。

需要注意的是，这种方式可能会造成素材与新建的序列不匹配，此时将打开图2-6所示的"剪辑不匹配警告"对话框。单击 更改序列设置 按钮将会把序列大小自动设置成素材大小；若不知道素材大小，则可以直接使用预设的序列参数。单击 保持现有设置 按钮将会按照序列参数改变素材参数。

图2-5 "新建序列"对话框

图2-6 "剪辑不匹配警告"对话框

2.2.2 设置序列

新建序列时可以在"新建序列"对话框的"设置"选项卡中设置序列预设、设置、轨道等,使最终完成的视频作品的帧速率、尺寸等参数符合设计需求。

1. 序列预设

"新建序列"对话框的"序列预设"选项卡中包含了Premiere预留的大量预设,这些预设大多根据摄像机的格式来命名。选择一种预设后,在右侧的"预设描述"文本框中可以查看预设信息。用户可根据需要选择合适的预设。

> 🔔 提示
>
> 常用的序列预设主要有两种:一种是DV-NTSC北美标准,适用于大部分的DV和摄像机;另一种是DV-PAL欧洲标准,是默认的预设。

2. 设置

在"新建序列"对话框的"序列预设"选项卡中选择预设后,可在"设置"选项卡中调整预设,包括修改预设的编辑模式、帧速率、帧大小、像素长宽比等,然后通过单击  按钮,将其保存为新的预设,如图2-7所示。

3. 轨道

一个序列必须至少包含一条视频轨道和一条音频轨道,而且序列中的视频轨道和音频轨道可以并列于"时间轴"面板之中。若视频剪辑过于复杂,则可能需要运用多条视频轨道和音频轨道来进行叠加或混合剪辑,因此,在新建序列时还可以设置序列的轨道数。

其操作方法：在"新建序列"对话框中单击"轨道"选项卡，在"视频"栏的数值框中输入数值，重新设置序列的视频轨道数量；在"音频"栏中单击 按钮可增加默认的音频轨道数量。选中某轨道前的复选框，再单击 按钮可删除所选轨道，如图2-8所示。

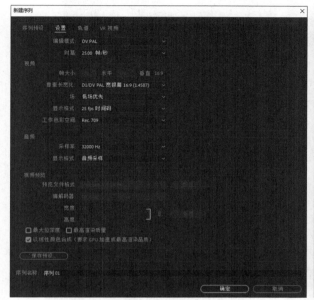

图2-7　"设置"选项卡　　　　　　　　　　图2-8　"轨道"选项卡

> 🔔 **提示**
>
> 　　新建并设置好序列后，如果要修改序列设置，则可以在序列上单击鼠标右键，在弹出的下拉列表框中选择"序列设置"命令，或在"项目"面板中选择序列，选择【序列】/【序列设置】命令，打开"序列设置"对话框，在其中可以重新设置序列的各种参数。

2.2.3　嵌套序列

在剪辑视频时经常会遇到项目中包含较多序列的情况，此时可嵌套序列，便于重复利用序列。

嵌套序列用于将多个序列合并为一个序列，该序列在"时间轴"面板中仅占用一个轨道，这样不仅可以节省空间，还可以统一对序列中的素材进行裁剪、移动等修改操作，节省操作时间。其操作方法：在"时间轴"面板中选择需要嵌套的序列后单击鼠标右键，在弹出的下拉列表框中选择"嵌套"命令，打开"嵌套序列名称"对话框，在"名称"文本框中自定义序列名称，单击 按钮，如图2-9所示。完成嵌套序列操作后，在"时间轴"面板中选择的多个序列将转换为一个序列。图2-10所示为嵌套序列前后的对比效果。

图2-9　嵌套序列

双击嵌套序列可打开嵌套序列，以便对嵌套序列中的单个序列进行修改与调整。一般来说，完整的序列被称为主序列，而主序列中包含的嵌套序列被称为子序列，它们是包含与被包含的关系。

图2-10　嵌套序列前后的对比效果

> **提示**
>
> 　　除了嵌套序列外，在"时间轴"面板中还可以对相同类型的素材进行嵌套操作，对素材进行嵌套处理后，不仅能统一管理嵌套后的素材，也可以直接在嵌套文件中单独处理素材。需要注意的是，应少做嵌套操作，因为渲染时会优先对嵌套层进行预处理，这容易拖慢整体渲染速度，造成设备卡顿。

2.2.4　简化序列

　　当序列中的素材繁多、杂乱时，可通过简化序列操作自动删除不需要的轨道，或删除序列上的标记等，让序列看上去更加简洁、美观。图2-11所示为简化序列前后的对比效果。

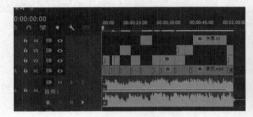 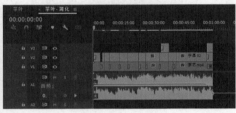

图2-11　简化序列前后的对比效果

　　简化序列的操作方法：选择需要简化的序列，选择【序列】/【简化序列】命令，打开"简化序列"对话框，如图2-12所示，设置相应参数后单击 简化 按钮，将会新建一个简化后的序列副本，如图2-13所示。

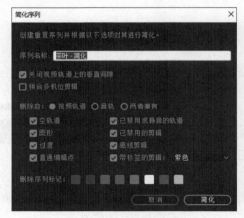 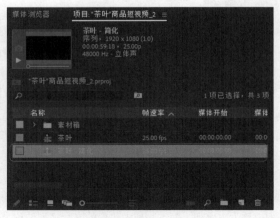

图2-12　"简化序列"对话框　　　　　　　　　图2-13　简化后的序列副本

2.2.5 自动重构序列

在Premiere中调整视频大小时，如果需要调整的素材很多，手动调整会非常耽误时间，此时则可以使用"自动重构序列"功能自动调整视频大小。该功能可智能识别视频中的动作，并能针对不同的长宽比重构剪辑。其操作方法：选择需要调整的视频素材，选择【序列】/【自动重构序列】命令，打开"自动重构序列"对话框，如图2-14所示；在"目标长宽比"下拉列表中选择指定的长宽比（也可以自定义），然后单击 创建 按钮，Premiere将生成一个新序列到"时间轴"面板中，如图2-15所示。

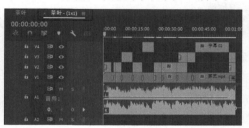

图2-14 "自动重构序列"对话框　　　图2-15 生成新序列

2.2.6 为序列设置轨道

前面讲解了在新建序列时可以设置轨道，若序列已经新建完成，则可以直接在"时间轴"面板中为序列设置轨道。

1. 新建轨道

选择"时间轴"面板左侧的轨道部分，单击鼠标右键，在弹出的下拉列表框中选择"添加单个轨道"命令，可新建轨道（在视频轨道处单击鼠标右键将直接添加视频轨道，在音频轨道处单击鼠标右键将直接添加音频轨道）；若选择"添加轨道"命令，则将打开"添加轨道"对话框，如图2-16所示，在其中可批量添加不同类型的轨道，以及调整新轨道的位置。

2. 删除轨道

选择"时间轴"面板左侧的轨道部分，单击鼠标右键，在弹出的下拉列表框中选择"删除单个轨道"命令，可删除相应的一个视频轨道或音频轨道；若选择"删除轨道"命令，则将打开"删除轨道"对话框，如图2-17所示，可在其中单独删除或者批量删除不同类型的轨道。

图2-16 "添加轨道"对话框　　　图2-17 "删除轨道"对话框

高清视频

2.3
编辑与管理素材

在Premiere中剪辑视频时，会经常用到许多不同类型的素材，因此，在进行视频剪辑之前，需要先学习素材的编辑与管理操作，以便在后续剪辑时更加得心应手。

2.3.1 课堂案例——制作"我的早餐"Vlog

案例说明： 某视频博主想要参与热门话题"营养早餐，健康生活"，需要制作一个"我的早餐"Vlog，要求在Vlog中添加提供的视频素材和图片素材，并且在视频开始位置突出Vlog主题，时长为15秒左右，参考效果如图2-18所示。

知识要点： 导入素材、查看素材、创建颜色遮罩素材、分类管理素材。

素材位置： 素材\第2章\早餐.mp4

效果位置： 效果\第2章\我的早餐.prproj

图2-18 "我的早餐"Vlog参考效果

设计素养

Vlog 是博客的一种类型，英文全称是 Video blog 或 Video log，意思是视频博客或视频网络日志。YouTube 平台对 Vlog 的定义是创作者通过拍摄视频来记录日常生活。随着移动社交媒体的发展，Vlog 已经逐渐成了许多人记录生活、表达个性的主要方式。制作 Vlog 的整体思路与制作普通短视频一样，都是通过视频画面之间的衔接、背景音乐及画外音的添加等来完成的。

其具体操作步骤如下。

STEP 1 新建名为"我的早餐"的项目文件，在"项目"面板的空白处双击，打开"导入"对话框，选择"早餐.mp4"视频素材，单击 打开(O) 按钮，将其导入"项目"面板。

STEP 2 在"项目"面板中选择"早餐.mp4"视频素材，单击鼠标右键，在弹出的下拉列表框中选择"属性"命令，打开"属性"浮动面板，查看该视频素材的图像大小、持续时间等是否符合设计需求，如图2-19所示。

STEP 3 在"项目"面板中选择"早餐.mp4"视频素材，将其拖曳到"时间轴"面板中，以此新建序列，如图2-20所示。

视频教学：
制作"我的早餐"Vlog

🔔 **提示**

　　查看素材时，单击"项目"面板左下角的"列表视图"按钮 ▤，可显示每个素材的额外信息，包括素材的帧速率、开始时间、结束时间和持续时间等；单击"图标视图"按钮 ▣ 或按【Ctrl+PageDown】组合键可以清楚地查看素材画面。

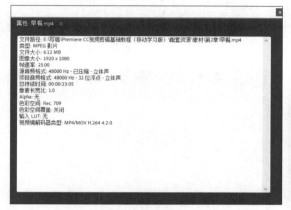

图2-19　查看素材属性

图2-20　新建序列

STEP 4 此时视频的主题不明确，可制作一个视频封面彰显主题。在"项目"面板的右下角单击"新建项"按钮 ▣，在弹出的下拉列表框中选择"颜色遮罩"命令，打开"新建颜色遮罩"对话框；单击 确定 按钮，打开"拾色器"对话框，设置颜色为"#ED4B3A"；单击 确定 按钮，打开"选择名称"对话框，设置名称为"封面背景"，单击 确定 按钮，如图2-21所示。

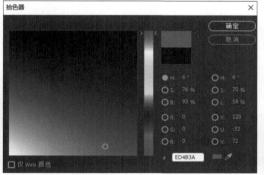

图2-21　新建颜色遮罩

STEP 5 在"时间轴"面板中将时间码设置为00:00:15:00，按【W】键自动剪辑时间指示器后面的部分。在"项目"面板中将"封面"文件拖曳到"时间轴"面板的V2轨道上，与视频对齐，如图2-22所示。

STEP 6 按【Home】键将时间指示器定位到视频的开始位置，选择"文字工具" ▣，在画面中间单击，然后输入文字"我的早餐"并选择文字；打开"效果控件"面板，依次展开"文本（我的早餐）""源文本"栏，设置字体为"汉仪综艺体简"、字体大小为"200"，如图2-23所示。

STEP 7 使用相同的方法在画面中继续输入文字"营养早餐，健康生活"，并设置字体为"黑体"、字体大小为"83"、字距为"800"。在"节目"面板中单击"播放"按钮▶预览效果，如图2-24所示。完成后，按【Ctrl+S】键保存文件。

图2-22　移动素材　　　　　　　　　　　　　　　　　图2-23　设置文本

图2-24　预览效果

2.3.2 导入素材

在Premiere中剪辑视频前，需先将准备好的素材导入Premiere中，然后才可以对素材进行编辑。因此，导入素材是Premiere视频剪辑中重要且不可或缺的关键步骤。导入素材需先打开"导入"对话框，再进行导入素材操作。

1. 打开"导入"对话框

在Premiere中新建项目文件后，在"项目"面板的空白处单击鼠标右键，在打开的快捷菜单中选择"导入"命令，或在"项目"面板的空白处双击，或选择【文件】/【导入】命令，或按【Ctrl+I】组合键，可打开"导入"对话框。

2. 导入素材

Premiere支持导入多种类型的素材，不同类型的素材的导入方法有所区别。

● 导入常规素材：在"导入"对话框中选择需导入的素材，单击 打开(O) 按钮可导入常规素材。

● 导入文件夹素材：导入文件夹素材需要在"导入"对话框中选择文件夹素材后单击 导入文件夹 按钮。

● 导入图像序列素材：如果需要导入的图像素材很多，则可以使用图像序列的方式导入，导入后的素材由多个以序列排列的图像组成，其中每个图像在视频中代表1帧。导入图像序列时，必须保证图像的名称是连续的，且每个图像名称之间的数值差为1，如"1、2、3"或"01、02、03"等，并且需要在"导入"对话框中选中"图像序列"复选框。

- 导入分层文件素材：如果需要导入分层文件素材，如PSD格式的文件，则需要指定导入的图层，或者选择将图层合并后再进行导入。其操作方法与导入常规素材的方法相同，只是在单击 打开(O) 按钮后将打开"导入分层文件：××"对话框（××表示文件名称），如图2-25所示。在该对话框的"导入为"下拉列表中若选择"合并所有图层"选项，则导入的素材会合并为一个图层；若选择"合并的图层"选项，则可选择将部分图层合并后导入；若选择"各个图层"选项，则可以以单个图层的形式导入所选图层；若选择"序列"选项，则不仅可以导入单个图层，还能使所选图层以一个序列的形式导入。

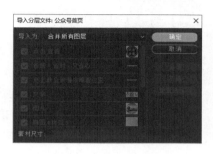

图2-25　导入分层文件

2.3.3　创建 Premiere 自带素材

在Premiere中不仅可以导入外部素材，还能创建Premiere自带素材，创建的自带素材将自动位于"项目"面板中，在剪辑视频时可直接将其拖曳到"时间轴"面板中进行使用，以满足用户的特殊需求。

Premiere自带素材主要有5种类型，其创建方法：选择【文件】/【新建】命令，在打开的子菜单中可以选择"彩条""黑场视频""颜色遮罩""通用倒计时片头""透明视频"命令，如图2-26所示；或在"项目"面板中单击"新建项"按钮 ，在打开的下拉菜单中选择相应的命令，如图2-27所示。

图2-26　通过菜单栏创建Premiere自带素材

图2-27　通过"项目"面板创建Premiere自带素材

- 彩条：彩条通常用于两个素材之间或视频开头，它自带特殊音效，可以达到过渡转场的效果，也有校准色彩的作用。
- 黑场视频：黑场视频通常用作视频的片头或者放在两段视频之间，达到过渡和循序渐进的效果。
- 颜色遮罩：颜色遮罩是一个覆盖整个视频的纯色遮罩，可以作为视频背景使用。
- 通用倒计时片头：通用倒计时片头是一段倒计时素材，通常用来制作视频开始前的倒计时效果。
- 透明视频：在Premiere中运用视频效果时，可以先创建透明视频，然后将透明视频拖曳到"时间轴"面板中，再将视频效果应用到透明视频轨道中，视频效果将自动应用在透明视频轨道下面的轨道素材中。由于透明视频具有透明的特性，因此它只能应用那些操作Alpha通道的效果，如闪电、时间码、网格等，而运用调色类效果将无法产生任何变化。

2.3.4 课堂案例——更新餐饮店宣传短视频

案例说明： 某餐饮店将上新几款应季产品，需要尽快制作一个效果美观的宣传短视频。为了提高工作效率和作品质量，可以使用前一个季度的Premiere宣传视频模板进行制作，在不改变模板中的素材效果的基础上，对模板中的图片素材进行替换或直接对无须更改但缺少链接的素材进行重新链接，参考效果如图2-28所示。

高清视频

知识要点： 分类管理素材、替换素材、链接脱机素材。

素材位置： 素材\第2章\背景.png、"模板"文件夹、"替换图片"文件夹

效果位置： 效果\第2章\餐饮店宣传短视频.prproj

图2-28　更新餐饮店宣传短视频参考效果

其具体操作步骤如下。

STEP 1 打开"模板"文件夹中的"模板.prproj"素材文件，选择【文件】/【另存为】命令，打开"保存项目"对话框，设置文件名为"餐饮店宣传短视频"，单击 保存(S) 按钮。

视频教学：
更新餐饮店宣传
短视频

STEP 2 在"项目"面板中可以看到"背景.png"素材的图标显示为问号，表示该素材处于脱机状态，如图2-29所示。

STEP 3 在"背景.png"脱机素材上单击鼠标右键，在弹出的下拉列表框中选择"链接媒体"命令，打开"链接媒体"对话框，在其中单击 查找 按钮。在打开的对话框中找到"背景.png"素材，单击 确定 按钮，如图2-30所示，此时素材就被重新链接了。

图2-29　查看脱机素材

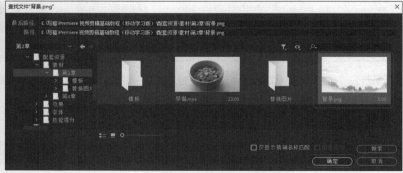

图2-30　链接脱机素材

STEP 4 在"项目"面板中可看到素材较多且比较杂乱，需要对其进行分类管理。在"项目"面板

中单击"新建素材箱"按钮□，将激活素材箱的名称文本框，然后修改名称为"图片"，再将"项目"面板中所有的图片素材拖曳到"图片"素材箱中，如图2-31所示。

> **提示**
>
> 在新建素材箱时，若先选中一个素材箱然后再新建一个素材箱，则新建的素材箱将以子素材箱的形式放置在选中的素材箱中。

STEP 5 使用相同的方法新建一个"序列"素材箱，然后将除"水墨006.mov""总合成""文字"以外的文件拖曳到该素材箱中，使"项目"面板中的素材分类更加清晰，如图2-32所示。

图2-31 新建"图片"素材箱　　　　　图2-32 新建"序列"素材箱

STEP 6 在"项目"面板中双击打开"图片"素材箱，然后单击"项目"面板底部的"图标视图"按钮□，将当前视图切换为图标视图，所有图片素材都将以图标形式显示，如图2-33所示，这样便于查看图片素材的具体内容。

STEP 7 在"项目"面板中选择"1.tif"素材，单击鼠标右键，在弹出的下拉列表框中选择"替换素材"命令，在打开的对话框中选择"替换图片"文件夹中的"1.tif"素材，取消选中"图像序列"复选框，以避免将素材文件夹中的所有图片素材合成一个视频并导入，单击 选择 按钮，在"项目"面板中可以看到图片素材已被替换。使用相同的方法依次替换其他图片素材，如图2-34所示。完成后，按【Ctrl+S】组合键保存文件。

图2-33 图片素材以图标形式显示　　　　图2-34 替换所有图片素材

2.3.5 分类管理素材

"项目"面板中的素材过多时可能会影响用户的视线，此时就可以先创建并重命名素材箱，然后将素材分类拖曳到素材箱中进行管理。

1. 新建素材箱

单击"项目"面板中的"新建素材箱"按钮🗀；或在"项目"面板的空白处单击鼠标右键，在弹出的下拉列表框中选择"新建素材箱"命令；或选择【文件】/【新建】/【素材箱】命令。

2. 重命名素材箱

新建素材箱后，为了便于区分，可重命名素材箱。其操作方法：选择素材箱后，将鼠标指针移动到素材箱名称处，单击使名称处于可编辑状态，输入新的名称后，按【Enter】键。

> 🔔 **提示**
>
> 使用重命名素材箱这种方法可以重命名"项目"面板中的其他所有类型的素材。

2.3.6 替换素材

如果项目文件中已有的素材不符合制作需要，或丢失了素材，则可以通过替换素材操作来更改项目文件的最终效果，而无须重新制作。替换素材可在"项目"面板或"时间轴"面板中实现。

1. 在"项目"面板中替换素材

在Premiere中编辑完素材并将其拖曳到"时间轴"面板中后，如果需要使用外部素材来替换该素材，并使项目的持续时间保持不变和保留原有的关键帧，则可通过替换"项目"面板中的原始素材让"时间轴"面板中使用该素材的剪辑自动更新。

其操作方法：在"项目"面板中选择需要替换的素材，单击鼠标右键，在弹出的下拉列表框中选择"替换素材"命令，或选择【剪辑】/【替换素材】命令，在打开的对话框中双击需要替换的素材。

2. 在"时间轴"面板中替换素材

如果需要使用项目文件中的另一个素材（即用于替换的素材在"项目"面板中）来替换"时间轴"面板中的素材，则可在"时间轴"面板中实现，其操作方法主要有以下3种。

- 拖曳替换：在"项目"面板中选择用于替换的素材，按住【Alt】键，然后将该素材拖曳到"时间轴"面板中需要替换的素材上；或者在"项目"面板中选择用于替换的素材，在"时间轴"面板中选择需要替换的素材，然后直接将用于替换的素材拖入"节目"面板的"替换"模块，如图2-35所示，释放鼠标左键即可完成替换。使用这种方式也可以快速实现插入、覆盖、叠加等功能。

- 使用"从源监视器"命令替换：在"源"面板中设置用于替换的素材的入点和时间指示器的位置，在"时间轴"面板中选择需要替换的素材，单击鼠标右键，在弹

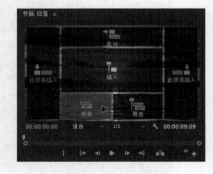

图2-35 拖曳替换素材

出的下拉列表框中选择【使用剪辑替换】/【从源监视器】命令，将从"源"面板上设置好的入点处开始替换；若选择【使用剪辑替换】/【从源监视器，匹配帧】命令，则可将"源"面板中时间指示器处的帧替换到"时间轴"面板中时间指示器的位置。

● 使用"从素材箱"命令替换：在"项目"面板中选择用于替换的素材，在"时间轴"面板中选择需要替换的素材，单击鼠标右键，在弹出的下拉列表框中选择【使用剪辑替换】/【从素材箱】命令。

2.3.7　链接脱机素材

脱机素材指当前项目中缺失的素材。项目的存储位置发生了改变、源文件名称被修改或源文件被删除，都会导致素材脱机。脱机素材在"项目"面板中显示的媒体类型信息为问号，如图2-36所示；在"节目"面板中显示为脱机媒体文件，如图2-37所示。

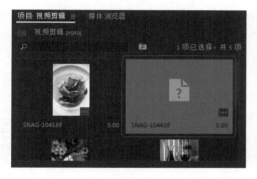

图2-36　在"项目"面板中显示的脱机素材

图2-37　在"节目"面板中显示的脱机素材

脱机素材在最终输出作品时没有实际内容，若要将其输出，则需要先在"项目"面板中选择脱机素材，单击鼠标右键，在弹出的下拉列表框中选择"链接素材"或"替换素材"命令，将脱机素材重新链接或替换为有效素材。

技能提升

图2-38所示为某产品宣传视频截图，请扫描右侧二维码查看完整视频，并思考和讨论以下问题。

（1）若要完成该视频，则可以运用本节讲解的哪些知识点？

（2）若要将该视频转换为竖版视频，则可以运用与序列相关的哪些操作？

高清视频

图2-38　产品宣传视频截图

2.4 课堂实训

2.4.1 制作美食视频

1. 实训背景

某美食博主为提高视频浏览量,决定制作一个以"一分钟学会制作家常菜"为主题的美食视频,并发布在视频平台中。现已在Photoshop中制作了步骤图片,需将提供的美食制作过程的视频和图片素材运用到美食视频中,还要在视频中添加背景和主题文字。

2. 实训思路

(1)导入和管理素材。制作视频需要先在Premiere中导入全部素材,但由于素材较多,因此可考虑将这些素材按照"视频"和"图片"进行分组管理,并且可以将部分视频素材的名称修改为与图片中的文字主题一致,以便在后续制作中使视频和图片一一对应。

(2)排序视频。分析视频素材,可以发现素材中的视频并不连贯,因此需要按照美食制作顺序将视频重新排序。

(3)添加视频主题。为了能在短时间内让用户了解到该视频的主要内容,可考虑在视频开头添加简短的视频标题"一分钟学会制作家常菜",并可为文字添加颜色遮罩作为背景。制作文字时,可通过设置不同的文字大小来增强画面的动感;制作颜色遮罩时,可设置为饱和度较低的暖色,以贴合美食视频氛围。

高清视频

本实训的参考效果如图2-39所示。

图2-39 美食视频参考效果

素材位置:素材\第2章\美食视频素材\
效果位置:效果\第2章\美食视频.prproj

3. 步骤提示

STEP 1 新建一个名为"美食视频"的项目文件,并将"美食视频素材"文件夹中的素材全部导入"项目"面板。

STEP 2 在"项目"面板中新建两个素材箱,设置素材箱的名称分别为"视频""图片",然后将素材按照类型分组。

STEP 3 依次修改"制作.mp4"文件名称为"开始制作.mp4",将"完成.mp4"文件名称为"完成制作.mp4",将"摆盘.mp4"文件名称为"盛出装盘.mp4"。

视频教学:
制作美食视频

STEP 4 新建一个大小为"1280×720"、像素长宽比为"方形像素（1.0）"、名称为"美食视频"的新序列，然后将"视频"素材箱拖曳到新序列的"时间轴"面板的V1轨道中，并按照准备食材、准备配料、开始制作、盛出装盘的顺序依次排列素材。

STEP 5 新建一个颜色为"#FAD4AE"的颜色遮罩，然后将其拖曳到V1轨道的第1段视频前面。

STEP 6 将"图片"素材箱拖曳到"美食视频"序列的V2轨道中，然后调整其中的图片，使其在每一段视频开始前出现，注意第1张图片的出现位置在00:00:05:00处。

STEP 7 将时间指示器移动到视频的开始位置，使用"文字工具" **T** 在画面中央输入文字"一分钟学会制作家常菜"，在"效果控件"面板中设置字体为"汉仪书宋二简"，修改部分文字的大小，然后按【Ctrl+S】组合键保存文件。

2.4.2 制作竖版陶艺短视频

1. 实训背景

竖版视频更加符合用户持握手机观看的习惯，还可以拉近与用户之间的距离，突出拍摄主体。某博主想要在短视频平台发布一个以"工匠精神"为主题的竖版陶艺短视频，但所拍视频素材为横版，现需要在Premiere中将其转换为竖版视频，并为其添加合适的文字和装饰素材，以丰富视频内容，强调视频主题。

2. 实训思路

（1）添加视频素材并调整视频。由于提供的视频素材是横版，因此可考虑使用"自动重构序列"命令将其转换为竖版视频。

高清视频

（2）添加文字素材。由于提供的文字素材是PSD格式，且有多个图层，因此在导入时可考虑将其导入为一个个单独的图层，然后分别调整不同图层的大小和位置。

（3）添加装饰。为了丰富视频画面，并体现中国传统文化，可考虑添加一些中国风的装饰素材，如印章。

本实训的参考效果如图2-40所示。

图2-40 竖版陶艺短视频参考效果

素材位置： 素材\第2章\陶艺素材\

效果位置： 效果\第2章\竖版陶艺短视频.prproj

3. 步骤提示

STEP 1 新建一个名为"竖版陶艺短视频"的项目文件，并将"陶艺素材"文件夹中的"陶艺.mp4"素材导入"项目"面板，然后将其拖曳到"时间轴"面板中。

视频教学：
制作竖版陶艺短视频

STEP 2 选择"陶艺"序列，选择【序列】/【自动重构序列】命令，在"自动重构序列"对话框中设置目标长宽比为"垂直9：16"、序列名称为"竖版陶艺短视频"，按【Enter】键确认。

STEP 3 将"陶艺素材"文件夹中的"文字.psd"素材导入"项目"面板，在"导入分层文件：文字"对话框的"导入为"下拉列表中选择"各个图层"选项。

STEP 4 将"文字"素材箱中的"工匠精神"文字拖曳到V2轨道中，在"节目"面板中双击选中文字，向下拖曳文字的边界框缩小文字，调整文字的位置，使其位于视频左上角。

STEP 5 将"文字"素材箱中的英文文字拖曳到V3轨道中，将文字缩小，并调整位置，使其位于"工匠精神"文字的左下角。

STEP 6 新建V4轨道，将"文字"素材箱中的另一个文字素材拖曳到该轨道中，缩小文字并将其调整到视频的右下角。将3个文字素材嵌套，并设置嵌套序列名称为"文字"。

STEP 7 将"陶艺素材"文件夹中的"印章.png"素材导入"项目"面板，然后将其拖曳到V3轨道中，缩小印章并将其调整到"工匠精神"文字右下角，最后按【Ctrl+S】组合键保存文件。

2.5 课后练习

练习 1 制作牛奶视频广告

某牛奶品牌需要制作一个牛奶视频广告，要求在广告中展现提供的牛奶视频和品牌Logo素材，并且还要求通过文案和装饰素材体现牛奶卖点，以吸引消费者购买牛奶。制作时，可导入需要的视频素材和图片素材，并通过颜色遮罩突出文案，参考效果如图2-41所示。

高清视频

图2-41 牛奶视频广告参考效果

素材位置：素材\第2章\牛奶广告素材\

效果位置：效果\第2章\牛奶视频广告.prproj

练习 2 制作淘宝主图视频

某商家想在淘宝平台发布比例为1∶1的主图视频，需要将拍摄的比例为16∶9的视频转换为1∶1的视频，同时在视频中添加部分装饰元素和文案，在短时间内增加消费者对商品的了解，促进转化。制作时，可先导入需要的素材，然后使用"自动重构序列"命令设置视频比例，并为视频添加文案，为了突出文案，可添加颜色遮罩作为文案背景，参考效果如图2-42所示。

高清视频

素材位置：素材\第2章\视频（16∶9）.mp4

效果位置：效果\第2章\淘宝主图视频.prproj

图2-42 淘宝主图视频参考效果

第 **3** 章　剪辑视频

Premiere作为Adobe公司旗下的一款专业的视频剪辑软件，其视频剪辑功能非常强大，既可以通过入点和出点剪辑视频，也可以使用专业的剪切工具剪辑视频。这样，用户在进行视频剪辑时就可以根据不同的需要选择合适的视频剪辑方法，有效提高剪辑效果和效率。

▍📖 **学习目标**

　◎ 掌握通过入点和出点剪辑视频的操作方法
　◎ 掌握使用"剃刀工具"剪辑视频的方法

▍✛ **素养目标**

　◎ 培养剪辑视频的创意思维
　◎ 提升使用Premiere剪辑视频的创新能力

▍◈ **案例展示**

茶叶产品宣传视频

通过入点和出点剪辑视频

在Premiere中设置入点（视频的起点）和出点（视频的终点）是快速剪辑和提取视频的较有效的方法之一。

3.1.1 课堂案例——剪辑"冰雪融化"视频

案例说明： 某学生需要制作时长为15秒左右、内容为冰雪融化的环境保护宣传片，但由于目前"冰雪融化"视频素材中的内容不连贯，且整体时长较长，因此需要对该视频素材进行剪辑，参考效果如图3-1所示。

知识要点： 在"源"面板和"时间轴"面板中剪辑视频。

素材位置： 素材\第3章\冰雪融化.mp4、背景音乐.mp3

效果位置： 效果\第3章\冰雪融化.prproj

高清视频

图3-1 "冰雪融化"视频参考效果

其具体操作步骤如下。

STEP 1 新建一个名为"冰雪融化"的项目文件，将"冰雪融化.mp4"素材导入"项目"面板。在"项目"面板中双击"冰雪融化.mp4"素材，在"源"面板中打开该素材，在"源"面板的右侧可以看到素材的总时长为00:00:44:29，如图3-2所示。

STEP 2 在"源"面板中将时间指示器移动到00:00:09:24的位置，单击"标记入点"按钮 ，将当前时间点标记为入点，如图3-3所示。

视频教学：
剪辑"冰雪融化"
视频

图3-2 查看素材的总时长　　　　　　图3-3 标记入点

STEP 3 在"源"面板中将时间指示器移动到00:00:16:00的位置，单击"标记出点"按钮 ![，将当前时间点标记为出点，如图3-4所示。此时，在"源"面板的右侧可以看到入点和出点之间的视频片段时长为00:00:06:07，这一段即为剪辑完成的视频片段。

STEP 4 设置完成后，将素材从"项目"面板（或"源"面板）中拖入"时间轴"面板，此时"时间轴"面板中的视频片段就是入点和出点之间的视频片段。将时间指示器移动到视频片段末尾，可以看到视频片段整体时长为00:00:06:07，与上一步骤中在"源"面板中所看到的时长一致，如图3-5所示。

图3-4　标记出点　　　　　　　　　　　图3-5　在"时间轴"面板中查看视频片段时长

> ⏰ **提示**
>
> 在"源"面板中设置入点和出点时，可以将鼠标指针移动到入点的位置，当鼠标指针变为 ![形状时拖曳剪辑的左边缘；或者将鼠标指针移动到出点的位置，当鼠标指针变为 ![形状时拖曳剪辑的右边缘，可以快速调整出点和入点之间的范围。

STEP 5 使用相同的方法在"源"面板中设置素材的入点和出点分别为00:00:26:16和00:00:34:20，然后将入点和出点之间的视频片段拖曳到"时间轴"面板中的第一个视频片段后面，如图3-6所示。删除自带的背景音乐。

STEP 6 将"背景音乐.mp3"素材导入"项目"面板，该音频素材的时长较长，可在"时间轴"面板中根据两个视频片段的整体时长来剪辑音频。先将音频素材拖曳到"时间轴"面板的A1轨道中，将鼠标指针移动到音频素材的出点处，当鼠标指针变为"修剪出点"图标 ![时向左拖曳，直至与视频片段的出点位置对齐，如图3-7所示，完成音频素材的剪辑，按【Ctrl+S】组合键保存文件。

 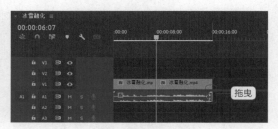

图3-6　拖曳视频片段　　　　　　　　　图3-7　拖曳音频出点

3.1.2　设置素材的入点和出点

入点即素材的起点，出点即素材的终点，在Premiere中可以通过设置素材的入点和出点来精确地剪辑视频中的特定部分。

1. 在"源"面板中设置素材的入点和出点

在"源"面板中设置素材的入点和出点是快速剪辑视频的最有效的方法之一，可在"源"面板中添加入点和出点、清除入点和出点。

（1）在"源"面板中添加入点和出点

在编辑视频时，导入的素材并非全部都需要，有时只需要使用其中的片段，此时可以通过在"源"面板中添加入点和出点来实现对素材的快速剪辑，从而得到需要的片段。

其操作方法：在"源"面板中选择素材，选择【标记】/【标记入点】命令和【标记】/【标记出点】命令；或单击鼠标右键，在弹出的下拉列表框中选择"标记入点""标记出点"命令；或在"源"面板下面的工具栏中单击"标记入点"按钮 （快捷键为【I】）和"标记出点"按钮 （快捷键为【O】），完成入点和出点的添加。

（2）在"源"面板中清除入点和出点

在"源"面板中添加的入点和出点标记是持久的，即关闭并重新打开该素材时，这些入点和出点依然存在。若需永久删除，则可清除入点和出点。

其操作方法为：在"源"面板中选择素材，选择【标记】/【清除入点】命令，可只清除入点；选择【标记】/【清除出点】命令，可只清除出点；选择【标记】/【清除入点和出点】命令，可同时清除入点和出点。也可以在添加入点和出点后，在"源"面板中单击鼠标右键，在弹出的下拉列表框中选择"清除入点""清除出点""清除入点和出点"命令。

> **提示**
>
> 在"节目"面板和"时间轴"面板中也可进行与"源"面板中相同的操作，即为素材设置入点和出点。但不同的是，在"源"面板中为源素材设置入点和出点主要是为了在预览素材的同时筛选素材片段内容，以节省在"时间轴"面板中编辑素材的时间；在"节目"面板和"时间轴"面板中为素材设置入点和出点主要是为了在输出视频时只输出入点与出点之间的部分，其余部分则被裁剪，以精确控制视频的输出内容。

2. 使用编辑工具设置素材的入点和出点

在"时间轴"面板中合理使用Premiere中的一些常用编辑工具可以快速编辑素材的入点和出点。

● 选择工具："选择工具" 可用于在"时间轴"面板中通过拖曳素材的入点和出点来剪辑视频。其操作方法为：在"时间轴"面板中选中要编辑的入点或出点，出现"修剪入点"图标 或"修剪出点"图标 后拖曳鼠标，如图3-8所示。需要注意的是，修剪时不能超出素材的原始入点和出点。

图3-8　拖曳调整素材的入点和出点

● 波纹编辑工具："波纹编辑工具" 可以用于封闭由修剪导致的间隙，让相邻的素材保持紧密连接，常用于视频片段较多的情况。其操作方法为：选择"波纹编辑工具" ，将鼠标指针移动至需要编辑的视频出点的位置，出现"波纹出点"图标 后向左拖曳，如图3-9所示。此时，相邻素材将自动向左移动，与前面的素材连接在一起，且后面素材的持续时间保持不变，但整个序列的持续时间发生了变化，如图3-10所示。

图3-9　向左拖曳出点　　　　　　　　　　　图3-10　整个序列的持续时间发生了变化

● 滚动编辑工具："滚动编辑工具" 也可以用于改变素材的入点和出点，但整个序列的持续时间不变，也就是说，使用"滚动编辑工具" 设置一个素材的入点和出点后，后一个素材的持续时间会根据前一个素材的变动而自动调整，例如前一个素材减少了5帧，后一个素材就会增加5帧。"滚动编辑工具" 的使用方法与前两个编辑工具相似，都是将鼠标指针放在两个相邻素材的中间，当鼠标指针变为 形状时，拖曳鼠标进行设置，如图3-11所示。

图3-11　拖曳调整素材的持续时间

● 比率拉伸工具："比率拉伸工具" 可以用于改变素材的播放速度，从而影响整个素材的持续时间，其操作方法与前面所讲的编辑工具的操作方法一致。

● 外滑工具："外滑工具" 可以用于在不改变整个序列的持续时间的同时，使素材的入点和出点画面发生变化。使用"外滑工具" 将素材向左拖曳可将右侧画面内容左移，向右拖曳可将左侧画面内容右移。例如视频入点为00:00:00:00处的画面如图3-12所示，选择"外滑工具" 在需要编辑的素材上向左拖曳3秒，可将后面第3秒的画面作为入点画面，并可在"节目"面板中预览效果，如图3-13所示。

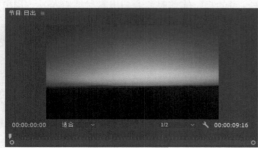
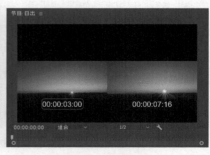

图3-12　视频入点画面　　　　　　　　　　　图3-13　预览效果

● 内滑工具：使用"内滑工具"可以使选中素材的持续时间保持不变，而改变相邻素材的持续时间。其作用与"滚动编辑工具"类似，但使用"内滑工具"会使整个序列的持续时间发生变化。其使用方法与"外滑工具"一致，图3-14所示为使用"内滑工具"调整素材的前后对比效果。

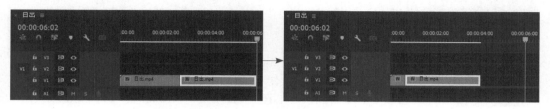

图3-14　使用"内滑工具"调整素材的前后对比效果

3.1.3　课堂案例——制作风景混剪视频

案例说明： 某旅行博主拍摄了多个风景视频素材，现需要利用这些素材制作一个大小为1920像素×1080像素、时长为10秒左右的风景混剪视频。制作时需注重画面的节奏感，根据对节奏点的控制，有逻辑地巧妙组接画面，使整个视频更加流畅、舒适，具有艺术感，参考效果如图3-15所示。

高清视频

知识要点： 插入和覆盖素材、提升和提取素材。

素材位置： 素材\第3章\风景混剪\

效果位置： 效果\第3章\风景混剪视频.prproj

图3-15　风景混剪视频参考效果

其具体操作步骤如下。

STEP 1 新建一个名为"风景混剪视频"的项目文件。按【Ctrl+N】组合键新建序列，在"新建序列"对话框中设置序列名称为"风景混剪视频"，单击"设置"选项卡，设置编辑模式为"自定义"，设置帧大小为"1920×1080"，单击 确定 按钮。

视频教学：制作风景混剪视频

STEP 2 将"风景"文件夹导入"项目"面板，然后在"项目"面板中打开"风景"素材箱，将其中的"日出.mp4"视频素材拖曳到"时间轴"面板中，此时会弹出"剪辑不匹配警告"对话框，单击 保持现有设置 按钮。

STEP 3 由于"日出.mp4"视频素材的尺寸比序列文件大，极大地超出了视频画面，因此，可在"时间轴"面板中选中"日出.mp4"视频素材，在"效果控件"面板中的"运动"栏中设置"缩放"为"55.0"，如图3-16所示，使视频素材刚好铺满视频画面。

STEP 4 在"节目"面板中拖曳时间指示器到00:00:43:00处，按【O】键标记出点，如图3-17所示。

图3-16　调整"缩放"参数

图3-17　标记出点

STEP 5　在"节目"面板中单击"提取"按钮，此时，在"日出.mp4"素材中标记的入点和出点之间的部分会被移除。

STEP 6　将时间指示器移动到00:00:05:00处，在"项目"面板中双击"阳光.mp4"素材，使素材在"源"面板中显示，在"源"面板的00:00:03:00位置设置视频的出点，然后单击该面板下方的"插入"按钮，将选择的素材插入"时间轴"面板的"日出.mp4"素材中，如图3-18所示。

图3-18　插入素材

STEP 7　删除V1轨道中的第3段视频素材，在"效果控件"面板中调整第2段视频素材的缩放为"111"。

STEP 8　在"源"面板中显示"森林.mp4"视频素材，并设置素材的入点为00:00:07:00、出点为00:00:12:00，再次单击"插入"按钮。在"时间轴"面板中选择"森林.mp4"视频素材，在"效果控件"面板中调整缩放为"53"。

STEP 9　将时间指示器移动到00:00:12:00处，在"源"面板中显示"海洋.mp4"视频素材，并设置素材的入点为00:00:06:00、出点为00:00:09:00，单击"覆盖"按钮。

STEP 10　设置"时间轴"面板中的"海洋.mp4"视频素材的缩放为"55"，将"项目"面板中的"沙滩.mp4"视频素材拖曳到"时间轴"面板V1轨道的其他素材后面，如图3-19所示，并调整缩放为"111"。

STEP 11　在"时间轴"面板中的00:00:15:00位置按【I】键标记入点，在00:00:20:00位置按【O】键标记出点，如图3-20所示，在"节目"面板中单击"提取"按钮，最后按【Ctrl+S】组合键保存文件。

图3-19　调整素材的位置

图3-20　标记入点和出点

3.1.4　插入和覆盖素材

在剪辑视频时，可通过插入和覆盖素材的操作将素材添加到"时间轴"面板中，同时不改变其他轨道中的素材的位置，提高剪辑效率。

1. 插入素材

插入素材通常有两种情况：一是将时间指示器移动到两个素材之间，插入素材后时间指示器之后的素材都将向后推移；二是将时间指示器放置在一个素材中，则插入的新素材会将原素材分为两段，新素材直接插入其中，原素材的后半部分将会向后推移，接在新素材之后。图3-21所示为插入素材前后的效果。

图3-21　插入素材前后的效果

其操作方法：在"时间轴"面板中将时间指示器移动到需要插入素材的位置，在"源"面板中选择要插入"时间轴"面板中的素材（可利用入点和出点选择需要插入的视频片段，若不设置入点和出点，则将直接插入整个完整视频），再单击"源"面板下方的"插入"按钮，或者在"源"面板中单击鼠标右键，在弹出的下拉列表框中选择"插入"命令，即可将选择的素材插入"时间轴"面板中，此时序列的持续时长会变长；或在"时间轴"面板中选择要插入素材的位置后，在"项目"面板中选中要插入"时间轴"面板中的素材，然后单击鼠标右键，选择"插入"命令，插入一个完整的素材。

2. 覆盖素材

覆盖素材与插入素材类似，不同的是，覆盖素材时，时间指示器后方素材重叠的部分会被覆盖，且不会向后移动，即整个序列的时长不会改变。图3-22所示为覆盖素材前后的效果。

图3-22　覆盖素材前后的效果

覆盖素材的操作方法与插入素材的操作方法大致相同，都需要先在"时间轴"面板中确定要插入素材的位置，然后在"源"面板或"项目"面板中选择需要添加的素材，再单击"源"面板下方的"覆盖"按钮，或者在"源"面板中单击鼠标右键，在弹出的下拉列表框中选择"覆盖"命令。

> 🔔 **提示**
>
> 除了使用"插入"按钮插入素材外，还可以直接将"项目"面板中的素材拖曳到"时间轴"面板中需要插入素材的位置，注意拖曳时需要按住【Ctrl】键。

3.1.5 提升和提取素材

通过入点和出点剪辑视频时，有时会不需要入点和出点之间的内容，此时可提升和提取素材，在"时间轴"面板中指定需要删除的部分。

1. 提升素材

在提升素材时，Premiere将从"时间轴"面板中提升出一部分素材，然后在已删除素材的位置留下一个空白区域。

其操作方法：在"节目"面板中需要删除的区域上设置入点和出点。选择【序列】/【提升】命令，或在"节目"面板中单击"提升"按钮 提升素材，此时Premiere将移除由入点标记和出点标记划分出的区域，并在轨道中留下一个空白区域。图3-23所示为提升素材前后的效果。

图3-23　提升素材前后的效果

2. 提取素材

在提取素材时，Premiere将从"时间轴"面板中移除一部分素材，然后剩余的后面部分会自动向前移动，补上删除部分的空缺，因此不会有空白区域。

提取素材的操作方法与提升素材的操作方法大致相同，都需要先在"节目"面板中待删除的区域上设置入点和出点，然后单击"节目"面板中的"提取"按钮 ，或选择【序列】/【提取】命令提取素材，此时Premiere将移除由入点标记和出点标记划分出的区域，并将已编辑的部分连接在一起。图3-24所示为提取素材前后的效果。

图3-24　提取素材前后的效果

技能
提升

三点编辑和四点编辑是视频剪辑过程中比较常用和实用的方式，尤其是当视频素材过多时，依次处理素材可能会耽误很多时间，此时就可以运用三点编辑和四点编辑进行视频剪辑。

在进行三点编辑时，需要在"源"面板和"节目"面板中共同指定3个点，以确定素材的长度和在"时间轴"面板中的插入位置；在进行四点编辑时，则需要指定4个点，即"源"面板中素材的入点、出点和"节目"面板中素材的入点、出点。

请尝试使用本小节所述知识，运用三点编辑和四点编辑方式进行视频剪辑练习，提高剪辑技术。

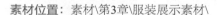

3.2
使用"剃刀工具"剪辑视频

除了通过入点和出点的方式剪辑视频外，还可以使用Premiere提供的"剃刀工具"快速、精确地分割视频，然后对分割后的视频片段进行编辑。

3.2.1 课堂案例——剪辑服装展示卡点视频

案例说明： 某商家需要将拍摄的服装展示视频发布到短视频平台，为了增强视频的吸引力，需要将其制作成一个节奏流畅的卡点视频，即根据提供的卡点音乐使视频画面与音乐互相呼应，参考效果如图3-25所示。

知识要点： 使用"剃刀工具"、设置标记、选择和移动素材、分离和链接素材、编组和解组素材、制作子剪辑、调整视频的播放速度。

素材位置： 素材\第3章\服装展示素材\

效果位置： 效果\第3章\服装展示卡点视频.prproj

高清视频

图3-25 服装展示卡点视频参考效果

☑ 设计素养

卡点视频是一种音乐与画面的节奏相匹配的视频，制作卡点视频时，要注意以下两方面。

（1）选择节奏感比较强的背景音乐。

（2）熟悉背景音乐，把握好音乐与画面的切换节奏和切换时间。

其具体操作步骤如下。

STEP 1 新建一个名为"服装展示卡点视频"的项目文件。将素材文件夹中的所有素材全部导入"项目"面板，然后新建大小为"720×720"、像素长宽比为"方形像素（1.0）"、名称为"服装展示卡点视频"的序列。

STEP 2 将"卡点音频.mp3"素材拖曳到"时间轴"面板中，在A1轨道中可看到"卡点音频.mp3"素材的音频波动。按空格键试听音频，发现当卡点出现时，音频波动较大。为便于接下来的操作，可在音频波动较大的地方添加标记。

视频教学：
剪辑服装展示
卡点视频

STEP 3 依次在00:00:00:00、00:00:01:11、00:00:03:08、00:00:04:14、00:00:06:08、00:00:07:11、00:00:09:05、00:00:10:06位置按【M】键添加标记，效果如图3-26所示。

STEP 4 在"项目"面板中双击"模特1.mp4"素材，在"源"面板中将时间指示器移动到00:00:01:11处，按【O】键添加出点。按【Ctrl+U】组合键打开"制作子剪辑"对话框，如图3-27所示，单击 确定 按钮。

图3-26 添加标记　　　　　　　　图3-27 "制作子剪辑"对话框

STEP 5 使用相同的方法在"模特1.mp4"素材的基础上依次制作入点为00:00:06:02、出点为00:00:08:17，入点为00:00:12:29、出点为00:00:14:19，入点为00:00:16:24、出点为00:00:19:00的子剪辑。

STEP 6 在"项目"面板中选择"模特2.mp4"素材，单击鼠标右键，在弹出的下拉列表框中选择"速度/持续时间"命令，打开"剪辑速度/持续时间"对话框，设置速度为120%，单击 确定 按钮，如图3-28所示。

STEP 7 在"项目"面板中双击"模特2.mp4"素材，在"源"面板中依次制作入点为00:00:00:00、出点为00:00:01:00，入点为00:00:07:12、出点为00:00:08:21，入点为00:00:11:17、出点为00:00:13:09，入点为00:00:14:23、出点为00:00:16:11的子剪辑。

STEP 8 在"项目"面板中选择所有的子剪辑素材，单击"项目"面板右下角的"自动匹配序列"按钮，打开"序列自动化"对话框，在"顺序"下拉列表中选择"排序"选项，在"放置"下拉列表中选择"在未编号标记"选项，如图3-29所示，单击 确定 按钮。

STEP 9 此时所有素材将自动添加到"时间轴"面板中，并按照标记点的位置自动匹配，如图3-30所示，但部分视频素材超出了标记点，需手动剪切。

STEP 10 调整第2段视频的速度为100%，该段视频的时长将会变长，且会自动与下一段视频连接，然后将时间指示器移动到00:00:03:08处，如图3-31所示，使用相同的方法调整第4段视频的速度为70%。

STEP 11 预览视频，发现第6段和第7段视频间有一处空白，导致在播放到该处时画面出现黑屏。将时间指示器移动到00:00:09:05处，选择第6段视频的出点，按住鼠标左键拖曳，使其紧接下一段视频的入点，如图3-32所示。

图3-28　调整素材速度　图3-29　"序列自动化"对话框　　　　图3-30　自动添加素材

图3-31　调整素材　　　　　　　　　　　　　　　图3-32　连接素材

STEP 12 使用"剃刀工具" 在音频素材的出点位置剪切V1轨道上的最后一个视频素材，然后删除剪切后的后半个视频素材。

STEP 13 为了便于统一移动音频素材和视频素材，可将素材编组。选择"选择工具" ，在"时间轴"面板中按住鼠标左键，拖曳选中所有素材，单击鼠标右键，在弹出的下拉列表框中选择"编组"命令。最后按【Ctrl+S】组合键保存文件。

3.2.2 认识"剃刀工具"

"剃刀工具" 是Premiere中十分常用的视频剪辑工具，使用它不需要设置入点和出点即可直接在"时间轴"面板中分割素材。该工具的操作方法较为简单，只需选择"剃刀工具" （默认快捷键为【C】）后，在需要修剪的位置单击鼠标左键即可，如图3-33所示。需注意的是，使用"剃刀工具"剪切视频时，默认只剪切一个轨道上的视频，若想在多个轨道的相同位置剪切，则可按住【Shift】键，当鼠标指针变为 形状时，在其中任意一个轨道上单击，如图3-34所示。

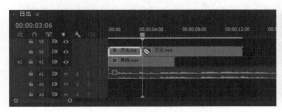 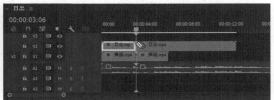

图3-33　修剪单个素材　　　　　　　　　　　　　图3-34　修剪多个素材

提示

剪切素材时，除了使用"剃刀工具" ◈外，还可以使用快捷键。其操作方法：在"时间轴"面板中选择需要剪辑的素材，将时间指示器移动到需要剪辑的位置，按【Ctrl+K】组合键可实现与"剃刀工具" ◈相同的效果；按【Q】键将在剪辑后自动删除时间指示器前面的部分，后面的部分也将自动与前面的素材拼接；按【W】键将在剪辑后自动波纹删除时间指示器后面的部分。

疑难解答

在"时间轴"面板中删除素材时，如何避免原素材位置出现空白缝隙？

可选择需要删除的素材，然后在其上方单击鼠标右键，在弹出的下拉列表框中选择"波纹删除"命令，或按【Ctrl+Delete】组合键。需要注意的是，若相同位置的其他轨道上有素材，则"波纹删除"操作将无法使用，需要先单击其他轨道前的"切换轨道锁定"按钮 ⬚，使其变为 ⬚状态，锁定轨道。

3.2.3 设置标记

在Premiere中剪辑视频时，可以为素材添加标记，以标识重要内容，便于快速查找和定位某一画面的具体位置。

1. 添加标记

添加标记时，既可以在源素材上添加（主要通过"源"面板和"时间轴"面板进行操作），也可以在序列上添加（主要通过"节目"面板和"时间轴"面板进行操作）。

● 在源素材上添加标记：在"源"面板中播放视频，然后单击面板左侧的"添加标记"按钮 ♥（快捷键为【M】），时间指示器停放处的时间标尺上将被添加标记，如图3-35所示，将"源"面板中被添加标记的素材拖曳到"时间轴"面板中，标记依然存在。也可以直接在"时间轴"面板中将时间指示器移动到需要标记的位置，选择需添加标记的素材，单击"添加标记"按钮 ♥，标记将显示在素材中，如图3-36所示。

图3-35　在"源"面板中为素材添加标记

图3-36　在"时间轴"面板中添加标记

● 在序列上添加标记：其操作方法与在源素材上添加标记的方法相同，只是在序列上添加标记是在"节目"面板中进行操作的，并且在"时间轴"面板中添加标记时无须选择素材，标记将显示在时间标尺中。图3-37所示分别为在"节目"面板和"时间轴"面板中为序列添加标记的效果。

图3-37 在"节目"面板和"时间轴"面板中为序列添加标记的效果

2．编辑标记

在"源"面板、"节目"面板、"时间轴"面板中的时间标尺上双击添加的标记，可打开图3-38所示的对话框，在该对话框中可设置标记的名称、持续时间、颜色等，然后单击 确定 按钮，设置的名称和注释将显示在标记上，如图3-39所示。

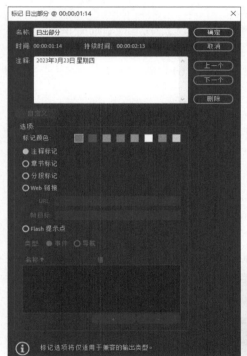

图3-38 用来编辑标记的对话框

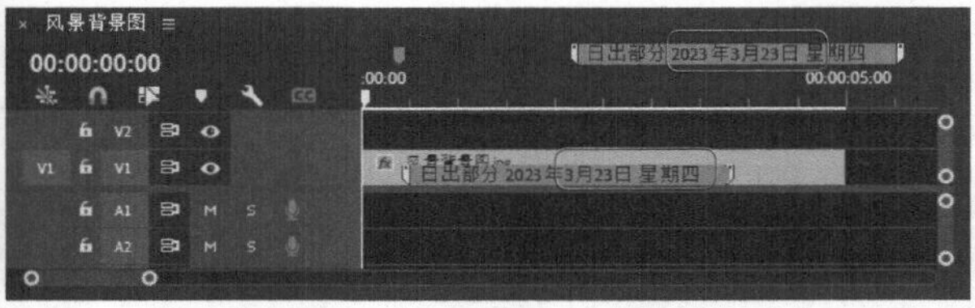

图3-39 显示标记名称和注释

3．查找标记

当"时间轴"面板中存在多个标记时，用户还可在其中进行查找。

● 通过快捷菜单查找：在标记上单击鼠标右键，在弹出的下拉列表框中选择"转到上一个标记"命令将自动跳转到上一个标记，选择"转到下一个标记"命令将自动跳转到下一个标记。

● 通过菜单命令查找：在菜单栏中选择【标记】/【转到上一标记】命令将自动跳转到上一个标记，选择【标记】/【转到下一标记】命令将自动跳转到下一个标记。

● 通过按钮查找：单击"节目"面板或"源"面板下方工具栏中的"转到下一标记"按钮➡️和"转到上一标记"按钮◀️可快速查找标记。

4. 删除标记

如果不需要素材中的标记，则可进行删除操作。其操作方法：在"时间轴"面板、"源"面板或"节目"面板的时间标尺上单击鼠标右键，在弹出的下拉列表框中选择"清除所选的标记"命令，可删除所选标记；选择"清除所有标记"命令，可清除所有标记。

3.2.4 选择和移动素材

在"时间轴"面板中经常需要同时移动单个素材或多个素材，在进行移动操作前，需要先选择素材。

1. 使用"选择工具"

选择"选择工具"▶️（快捷键为【V】），单击需要选择的素材可选择单个素材；按住【Shift】键，可连续单击选择多个素材，或者通过单击并拖曳鼠标的方式创建一个包围所选素材的选取框，在释放鼠标左键后，选取框中的素材将被选中（使用此方法可选择不同轨道上的素材）；选择单个素材后，按【Ctrl+A】组合键可全选该序列中所有素材。

选择素材后，按住【Ctrl】键并拖曳可移动素材，若没有按住【Ctrl】键，则该素材将会直接覆盖目标位置的原素材。

2. 使用轨道选择工具

当"时间轴"面板中的素材和轨道层数较多且时间线也比较长时，使用"选择工具"▶️选择和移动素材容易出错。此时可使用轨道选择工具（包括"向前轨道选择工具"➡️和"向后轨道选择工具"⬅️）快速选择一个轨道上的素材并执行移动操作。

● 向前轨道选择工具：选择"向前轨道选择工具"➡️后，将鼠标指针移动到轨道上，鼠标指针将变为双箭头状态，单击轨道上的素材后，将选择单击位置及其右侧的所有轨道上的素材，如图3-40所示。

● 向后轨道选择工具：选择"向后轨道选择工具"⬅️后，将鼠标指针移动到轨道上，鼠标指针将变为双箭头状态，单击轨道上的素材后，将选择单击位置及其左侧的所有轨道上的素材，如图3-41所示。

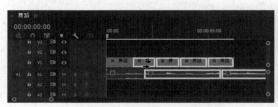
图3-40 选择右侧素材

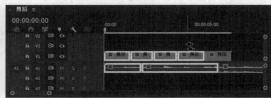
图3-41 选择左侧素材

使用轨道选择工具选择素材后，按住鼠标左键左右拖动，可在同一轨道上改变素材的位置；按住鼠标左键上下拖动，可改变素材所在的轨道。

> 🔔 **提示**
>
> 轨道选择工具默认对所有轨道进行操作，若只需要对一条轨道进行操作，则可按住【Shift】键（鼠标指针将变为单箭头状态），但此时只能上下拖动，不能左右拖动。

3.2.5 分离和链接素材

在Premiere中，音频、视频放置在不同的轨道中，并且原始视频素材中的音频、视频会相互链接。若需要对原始视频素材中的视频和音频进行单独操作，就要先分离原始视频素材中的音频、视频；同样，若需同时对"时间轴"面板中不同轨道上的多个素材进行操作，则可以链接这些素材，从而提高工作效率。其操作方法：在"时间轴"面板中选择需要分离或链接的素材，单击鼠标右键，在弹出的下拉列表框中选择"取消链接"命令可分离素材，选择"链接"命令可链接素材。

> 🔔 **提示**
>
> 待分离的素材不一定必须为原始视频素材，只要执行过"链接"命令后的素材都可以被分离。

3.2.6 编组和解组素材

在"时间轴"面板中除了可使用"链接"命令对多个素材进行统一操作外，还可以使用"编组"命令将这些素材绑定为一个整体。编组后的素材可通过"解组"命令解除绑定。

其操作方法：在"时间轴"面板中选择需要编组或解组的素材，单击鼠标右键，在弹出的下拉列表框中选择"编组"命令可编组素材，选择"取消编组"命令可解组素材；或通过【剪辑】/【编组】命令和【剪辑】/【取消编组】命令来进行编组和解组操作。

> 🔔 **提示**
>
> 链接素材只能链接不同轨道上的素材，不能链接相同轨道上的素材，链接后的素材能够统一添加特效；而编组素材既能绑定不同轨道上的素材，也能绑定相同轨道上的素材，但编组后的素材不能统一添加特效，需要先将其解组，然后为单独的素材添加特效。

3.2.7 制作子剪辑

当将素材首次导入"项目"面板中时，该素材即为主剪辑（也称为源剪辑），从主剪辑生成的所有序列剪辑则可被看作子剪辑。通过主剪辑，我们可以从中创建多个子剪辑，从而对整个素材进行细致划分，因此主剪辑和子剪辑常用于剪辑持续时间较长、内容比较复杂的视频。

1. 制作子剪辑

在"源"面板中设置素材的入点和出点后，选择【剪辑】/【制作子剪辑】命令（组合键为【Ctrl+U】），或者在"项目"面板或"源"面板中单击鼠标右键，在弹出的下拉列表框中选择"制作子剪辑"命令，打开"制作子剪辑"对话框，如图3-42所示。

> **提示**
>
> 在"源"面板中添加入点和出点后，可以在按住【Ctrl】键的同时选择"源"面板中的素材并朝"项目"面板中拖曳，此时也会打开"制作子剪辑"对话框。

在"名称"文本框中可为子剪辑输入名称，选中"将修剪限制为子剪辑边界"复选框，则整个子剪辑的持续时间将会固定，不能随时调整子剪辑的入点和出点，单击 **确定** 按钮，可在"项目"面板中查看子剪辑，如图3-43所示。

2. 编辑子剪辑

在"项目"面板中选择子剪辑，选择【剪辑】/【编辑子剪辑】命令，打开"编辑子剪辑"对话框，然后在"子剪辑"栏中可重新设置入点（开始）和出点（结束）时间，如图3-44所示。

图3-42　添加子剪辑　　　　图3-43　查看子剪辑　　　　图3-44　编辑子剪辑

> **提示**
>
> 若在"制作子剪辑"对话框中取消选中"将修剪限制为子剪辑边界"复选框，则将子剪辑拖曳到"时间轴"面板中后，可通过"选择工具" ▶ 直接拖曳调整子剪辑的入点和出点，这样编辑更加灵活。

3.2.8　调整视频的播放速度

素材的播放速度和持续时间决定了视频播放的快慢和显示时间的长短，在"时间轴"面板或"项目"面板中选择需要的素材，然后单击鼠标右键，在弹出的下拉列表框中选择"速度/持续时间"命令，或直接选择【剪辑】/【速度/持续时间】命令，打开"剪辑速度/持续时间"对话框，在其中重新设置速度后，持续时间也将发生变化，如图3-45所示。

"剪辑速度/持续时间"对话框中各选项的介绍如下。

- "速度"数值框：用于设置视频的播放速度的百分比。
- "持续时间"数值框：用于设置视频的显示时间。该值越大，播放速度越慢；该值越小，播放速度越快。

图3-45　"剪辑速度/持续时间"
对话框

- "倒放速度"复选框：选中该复选框，可反向播放视频。
- "保持音频音调"复选框：当视频中包含音频时，选中该复选框，可使音频的播放速度保持不变。
- "波纹编辑，移动尾部剪辑"复选框：选中该复选框，可封闭视频因持续时间缩短后产生的间隙。

🔗 资源链接

视频剪辑主要通过多个镜头的组合来完成，并且不同的镜头会有不同的景别，因此，镜头和景别对视频画面的最终效果有着直接的影响。常见的镜头和景别的详情可扫描右侧的二维码查看。

扫码看详情

技能提升

两个镜头相互衔接的地方即剪辑点，也就是镜头切换的交接点，正确的剪辑点能使镜头衔接流畅、自然。请结合本节讲述的知识，上网搜索剪辑点的相关知识。

高清视频

图3-46所示为坚果视频的部分截图，扫描二维码可查看完整的视频（素材位置：技能提升\第3章\坚果视频.mp4）。结合剪辑点的相关知识，将视频素材导入Premiere，并在其剪辑点位置添加标记，提升对剪辑点的认知。

图3-46 坚果视频的部分截图

3.3 课堂实训

3.3.1 制作茶叶产品宣传视频

1. 实训背景

茶文化是我国的传统文化之一。"茗之味"是一家以销售茶产品、宣传茶文化为主的茶舍，最近该茶舍上新了一款茶，需要制作一个茶叶宣传视频，以吸引消费者购买。要求该视频时长为20秒左右，风格自然、简洁，能够展现出茶舍的名称、宣传语，同时突出茶叶的卖点。

2. 实训思路

（1）制作视频片头。为了让观看视频的消费者第一时间了解视频的主题，需要先制作一个视频片头。制作时可考虑使用纯白色的遮罩作为背景，使画面更加简洁，然后将提供的文字、印章等素材设置于背景中，以丰富画面，突出主题。

（2）剪辑和排列视频。通过分析视频素材，可以发现素材中有的视频很长，不满足视频时长为20秒左右的要求，并且其中有些视频的内容也不符合需求，因此，需要剪辑视频，删除不需要的视频片段，并按照采茶、制茶、泡茶、倒茶的逻辑顺序来排列视频。

（3）添加卖点文案和音频。为了在视频中突出茶叶卖点，还需要添加介绍茶叶卖点的文案。制作文案时，可添加一些装饰素材，以丰富文案的展示效果。最后可为视频添加合适的音频。

高清视频

本实训的参考效果如图3-47所示。

图3-47　茶叶产品宣传视频参考效果

素材位置： 素材\第3章\茶叶视频素材1.mov、茶叶视频素材2.mp4、茶叶音频.mp3、\茶叶素材\
效果位置： 效果\第3章\茶叶产品宣传视频.prproj

3. 步骤提示

视频教学：
制作茶叶产品宣
传视频

STEP 1 新建一个名为"茶叶产品宣传视频"的项目文件，并将"茶叶视频素材1.mov"素材文件导入"项目"面板。

STEP 2 在"项目"面板中将视频素材拖曳到"时间轴"面板中，然后将视频素材的音视频分离，并删除原始音频，再将"茶叶视频素材2.mp4"素材文件导入"项目"面板。

STEP 3 在"时间轴"面板中将时间指示器移动到00:00:04:03处，在"项目"面板中双击"茶叶视频素材2.mp4"素材，在"源"面板中设置入点为00:00:03:24、出点为00:00:08:06，然后单击"插入"按钮。

STEP 4 在"时间轴"面板中将时间指示器移动到00:00:01:16处，按【Q】键剪切视频；将时间指示器移动到00:00:09:16处，按【Q】键剪切视频。

STEP 5 在"节目"面板中设置入点为00:00:10:24、出点为00:00:17:05，然后单击"提取"按钮。

STEP 6 在"源"面板中设置入点为00:01:24:12、出点为00:01:47:03，然后单击"插入"按钮。在"时间轴"面板中的00:00:35:20位置使用"剃刀工具"剪切视频，并删除剪切后的后半段视频。

STEP 7 将时间指示器移动到00:00:13:13处，按【Q】键剪切视频。在"节目"面板中设置入点为00:00:13:01、出点为00:00:17:01，然后单击"提取"按钮。

STEP 8 使用"剃刀工具"分别在00:00:17:06和00:00:22:12位置剪切视频，然后选择第7段视频，按【Shift+Delete】组合键删除视频。

STEP 9 新建一个白色颜色遮罩，将其拖曳到V2轨道的视频开始位置，并设置颜色遮罩的出点为00:00:01:00。将颜色遮罩嵌套，双击进入嵌套文件，将颜色遮罩移动到V1轨道。

STEP 10 依次将其他图片素材拖曳到嵌套文件中，并调整其位置和大小，然后输入合适的文字。返回"茶叶视频素材1"序列，为其中的部分视频素材添加不同的文字和印章素材。

STEP 11 将"茶叶音频.mp3"音频素材拖曳到A1轨道中，然后使用"剃刀工具"在视频结束位置剪切音频，并删除剪切后的后半段音频，最后按【Ctrl+S】组合键保存文件。

3.3.2 制作"旅拍"短视频

1. 实训背景

某旅行博主想要在短视频平台中发布一个时长为10秒左右的"旅拍"短视频，展示自己的生活状态，表达自己对旅行的热爱，以此来吸引有相同爱好的用户的关注。为了增强视频的吸引力，以及满足视频时长要求，需要在Premiere中对拍摄的视频素材进行剪辑，并为其添加合适的文字和装饰素材，美化视频画面和强调视频主题。

2. 实训思路

（1）添加视频素材并调整视频的播放速度。由于提供的视频素材时长较长，而且视频的播放速度较慢，因此在添加素材后可考虑加快视频的播放速度，并对视频进行剪辑。注意，在调整视频的播放速度时，需要让两个视频的播放速度基本保持一致，以保证连贯。

（2）剪辑视频。调整视频的播放速度后，若视频的整体时长仍然达不到要求，则可考虑采用合适的剪辑方式剪辑视频。

（3）添加装饰素材和文字。为了丰富视频画面，并体现视频主题，可考虑添加一些装饰素材和文字。

高清视频

本实训的参考效果如图3-48所示。

图3-48 "旅拍"短视频参考效果

素材位置：素材\第3章\日出.mp4、日落.mp4、旅行音乐.mp3、视频框.png

效果位置：效果\第3章\"旅拍"短视频.prproj

3. 步骤提示

STEP 1 新建一个名为"'旅拍'短视频"的项目文件，并将需要的素材全部导入"项目"面板，然后将"日出.mp4"视频素材拖曳到"时间轴"面板中。

STEP 2 在"时间轴"面板中设置"日出.mp4"视频素材的速度为300%，将时间指示器移动到00:00:01:00处，按【Q】键剪切视频。

STEP 3 将时间指示器移动到00:00:05:00处，按【W】键剪切视频。将"日落.mp4"视频素材拖曳到"时间轴"面板中当前时间指示器的位置。

STEP 4 设置"日落.mp4"视频素材的速度为300%，在00:00:10:00位置按【W】键剪切视频。

STEP 5 将"视频框.png"素材拖曳到V2轨道中，将"旅行音乐.mp3"素材拖曳到A1轨道中，将这两个素材的时长调整到与整个视频的时长一致。

STEP 6 在不同的视频中添加不同的文字内容，然后按【Ctrl+S】组合键保存文件。

视频教学：
制作"旅拍"短视频

3.4 课后练习

练习 1 剪辑"美食制作"Vlog

某美食博主想要制作一个"美食制作"Vlog，以发布在自媒体平台上吸引受众观看。要求使用合适的剪辑方式剪辑提供的素材，删除不需要的部分，然后按照制作美食的顺序排列素材，并且还要通过文案简单说明操作步骤，让受众能够根据文案提示制作美食，参考效果如图3-49所示。

准备土豆、胡萝卜、洋葱、大葱、姜、蒜

加入盐、料酒和胡椒粉

倒入鸡肉翻炒，并加入生抽、食盐和胡椒粉

高清视频

图3-49 "美食制作"Vlog参考效果

素材位置：素材\第3章\美食制作\

效果位置：效果\第3章\"美食制作"Vlog.prproj

练习 **2** 剪辑"立冬·饺子"短视频

高清视频

立冬节气即将到来，为进一步弘扬传统文化，某组织准备开展"迎立冬·吃饺子"活动，需要将"饺子"视频展现在短视频平台。由于该视频时长过长，不利于在短视频平台中展现，所以可考虑对视频素材进行剪辑、调整部分视频片段的速度、添加文字，参考效果如图3-50所示。

素材位置：素材\第3章\饺子视频1.mp4、饺子视频2.mp4、美食背景音乐.mp3

效果位置：效果\第3章\"立冬·饺子"短视频.prproj

图3-50 "立冬·饺子"短视频参考效果

练习 **3** 剪辑"水果"短视频

高清视频

某商家想在淘宝平台发布一个"水果"短视频，现需要对拍摄的视频进行剪辑和重新拼接，同时在视频开头添加主题文案，在视频中间添加商品卖点文字，以在短时间内增加消费者对该商品的了解，参考效果如图3-51所示。

素材位置：素材\第3章\水果素材\

效果位置：效果\第3章\"水果"短视频.prproj

图3-51 "水果"短视频参考效果

第4章

添加视频过渡效果

在Premiere中剪辑的视频都是一个个单独的视频片段，而有些视频片段之间的转换较为生硬，会影响视频的统一性和完整性，因此还需要在视频片段之间添加巧妙、自然的过渡效果，以保证视频节奏和叙事的流畅性。

▌📖 学习目标

◎ 熟悉常用的视频过渡效果
◎ 掌握视频过渡效果的应用与编辑方法

▌⟡ 素养目标

◎ 提高赏析视频的能力
◎ 培养独立制作电子相册、短视频、宣传视频的实践能力

▌◈ 案例展示

"旅行纪念册"电子相册

应用视频过渡效果

视频过渡（也称为视频转场或视频切换）是指两个视频片段之间的衔接方式，应用视频过渡效果能使视频效果更加丰富，能提升视频的整体质量。在Premiere中剪辑视频时，可以应用"效果"面板中的视频过渡效果来使视频片段之间的过渡更加流畅、自然。

4.1.1 课堂案例——制作"产品展示"电子相册

案例说明： 某电子产品销售人员为了提高产品销量，想在朋友圈发布一个展示产品信息的电子相册，从而进行产品营销。为提高电子相册的真实性和吸引力，可以结合提供的产品图片进行制作，并且使图片间的过渡自然、和谐，参考效果如图4-1所示。

知识要点： 视频过渡效果的应用。

素材位置： 素材\第4章\牙刷\

效果位置： 效果\第4章\产品展示.prproj

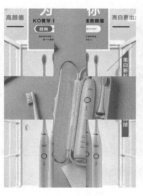

高清视频

图4-1 "产品展示"电子相册参考效果

其具体操作步骤如下。

STEP 1 新建一个名为"产品展示"的项目文件，双击"项目"面板，打开"导入"对话框，在其中打开"牙刷"文件夹，选择所有图片，单击 打开(O) 按钮。

STEP 2 在"项目"面板中保持所有素材处于选中状态，然后按住鼠标左键，将所有素材拖曳到"时间轴"面板中，并调整素材的位置，如图4-2所示。

STEP 3 此时"项目"面板中将会出现一个名为"1"的序列文件，在"项目"面板中选择该文件，然后单击文件的名称，激活名称文本框后修改名称为"产品展示"，如图4-3所示。

视频教学：
制作"产品展示"
电子相册

STEP 4 在"时间轴"面板中选择所有素材，按【Ctrl+R】组合键打开"剪辑速度/持续时间"对话框，设置持续时间为"00:00:03:00"，选中"波纹编辑，移动尾部剪辑"复选框，以自动清除调整素材速度后留下的空隙，单击 确定 按钮，如图4-4所示。

图4-2 调整素材的位置　　　　　　　　　　图4-3 修改序列名称

🔔 提示

　　默认情况下，Premiere中静止图像的持续时间为5秒，如果剪辑人员需要使用与默认值不同的持续时间，那么可修改默认设置。修改方法为：选择【编辑】/【首选项】/【时间轴】命令，在打开的"首选项"对话框的"时间轴"选项卡中修改"静止图像默认持续时间"栏的参数，然后单击 确定 按钮。

STEP 5 打开"效果"面板，依次展开"视频过渡""溶解"文件夹，选择"白场过渡"视频过渡效果，将其拖曳至V1轨道的起始位置，如图4-5所示，使电子相册在播放时出现闪白的效果。

图4-4 调整持续时间　　　　　　图4-5 在起始位置添加视频过渡效果

STEP 6 在"时间轴"面板中选择添加的"白场过渡"视频过渡效果，如图4-6所示。

STEP 7 打开"效果控件"面板，单击左上角的"播放过渡"按钮▶，在按钮下方的预览框中预览视频过渡效果，如图4-7所示。

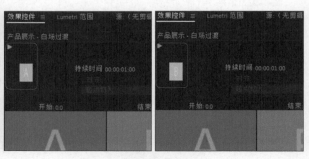

图4-6 选择添加的"白场过渡"视频过渡效果　　　图4-7 预览视频过渡效果

STEP 8 在"效果"面板中单击"内滑"文件夹左侧的三角形图标█将其展开，将"中心拆分"视频过渡效果拖曳到"时间轴"面板的V1轨道中的第1个素材和第2个素材的中间，使产品从画面中心逐渐显现，从而突出产品。

> 🔔 **提示**
>
> Premiere提供的视频过渡效果非常多，为了快速找到需要的视频过渡效果，可在"效果"面板的搜索框中输入视频过渡效果的名称，按【Enter】键进行搜索。

STEP 9 在"时间轴"面板中选择V1轨道中的第2个、第3个、第4个和第5个素材，按【Ctrl+D】组合键在素材之间快速应用默认的视频过渡效果（即"交叉溶解"视频过渡效果），如图4-8所示。

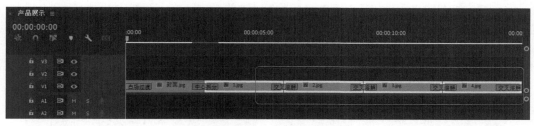

图4-8 应用默认的视频过渡效果

STEP 10 按空格键在"节目"面板中预览电子相册，如图4-9所示，按【Ctrl+S】组合键保存文件。

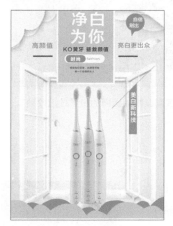 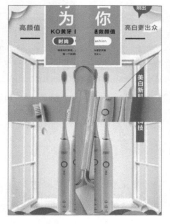 

图4-9 电子相册效果

4.1.2 设置并应用默认视频过渡效果

在视频剪辑过程中，若需要为大量素材添加相同的视频过渡效果，则可以先在"效果"面板中选择需要的视频过渡效果，然后单击鼠标右键，在弹出的下拉列表框中选择"将所选过渡设置为默认过渡"命令，将该视频过渡效果设置为默认的视频过渡效果，设置的默认视频过渡效果将高亮显示。在"时间轴"面板中选择需要的所有素材，按【Ctrl+D】组合键，所选素材的开头和结尾都将快速应用默认的视频过渡效果，如图4-10所示，这样可有效地提高工作效率。

图4-10　设置并应用默认的视频过渡效果

4.1.3 预览视频过渡效果

为视频添加视频过渡效果后，可在"效果控件"面板中预览视频过渡效果，其操作方法：在"效果控件"面板的左上角单击"播放过渡"按钮，在该按钮下方的预览框中进行预览，如图4-11所示；另外，拖曳"开始""结束"栏下方的滑块，可以在"开始""结束"栏下方的预览框中手动控制预览效果；若想要预览具有真实视频画面的视频过渡效果，则可选中"显示实际源"复选框，如图4-12所示。

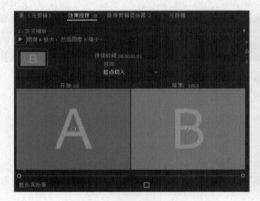

图4-11　预览视频过渡效果

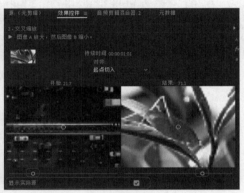

图4-12　具有真实视频画面的视频过渡效果

4.1.4 常见的视频过渡效果详解

默认情况下，Premiere将视频过渡效果统一保存在"效果"面板的"视频过渡"文件夹中，如图4-13所示。为了便于用户查找，Premiere还将这些视频过渡效果分成了8组，每组又包含了各种不同的视频过渡效果，如图4-14所示。

图4-13　"视频过渡"文件夹

1. "3D运动"效果组

"3D运动"效果组中包含"立方体旋转"和"翻转"两种视频过渡效果，这两种视频过渡效果可以通过模拟三维空间来体现场景的层次感，从而实现三维场景效果。图4-15所示为应用"立方体旋转"视频过渡效果的场景，图4-16所示为应用"翻转"视频过渡效果的场景。

2. "内滑"效果组

"内滑"效果组中包含6种视频过渡效果，这些视频过渡效果以滑动的形式来切换场景。其中的"急摇"视频过渡效果是Premiere Pro 2022新提供的视频过渡效果，可以使场景在滑动时出现动感模糊效果。

图4-17所示为应用"急摇"视频过渡效果的场景。

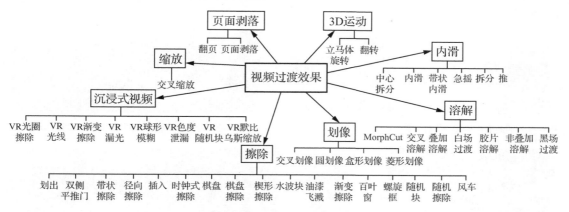

图4-14　全部的视频过渡效果

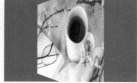

图4-15　应用"立方体旋转"视频过渡效果的场景　　　图4-16　应用"翻转"视频过渡效果的场景

3. "划像"效果组

"划像"效果组中包含4种视频过渡效果，这些视频过渡效果可将场景A从画面中心逐渐伸展到场景B。图4-18所示为应用"圆划像"视频过渡效果的场景。

图4-17　应用"急摇"视频过渡效果的场景　　　图4-18　应用"圆划像"视频过渡效果的场景

4. "擦除"效果组

"擦除"效果组中包含17种视频过渡效果，这些视频过渡效果可以擦除场景A的部分内容来显示场景B，呈现擦拭过渡的画面效果。其中"渐变擦除"视频过渡效果的应用较为特殊，将该视频过渡效果应用到素材中时，将自动打开"渐变擦除设置"对话框，如图4-19所示；在该对话框中单击 选择图像 按钮，在打开的对话框中选择一个图像，如图4-20所示；返回"渐变擦除设置"对话框中单击 确定 按钮，擦除效果将按照用户选定的图像渐变柔和地呈现（即从选定图像的暗部到亮部进行擦除）。图4-21所示为应用"渐变擦除"视频过渡效果的场景。

5. "沉浸式视频"效果组

"沉浸式视频"效果组中包含8种视频过渡效果，主要用于虚拟现实（Virtual Reality，VR）视频。VR视频是指用专业的VR摄影功能将现场环境真实地记录下来，再通过计算机进行后期处理所形成的可以实现三维空间展示功能的视频。这些视频过渡效果也可应用于普通视频，会带来意想不到的视觉效果。图4-22所示为应用"VR漏光"视频过渡效果的场景，图4-23所示为应用"VR球形模糊"视频过渡效果的场景。

图4-19 "渐变擦除设置"对话框　　图4-20 选定图像　　图4-21 应用"渐变擦除"视频过渡效果的场景

图4-22 应用"VR漏光"视频过渡效果的场景　　图4-23 应用"VR球形模糊"视频过渡效果的场景

6. "溶解"效果组

"溶解"效果组中包含7种视频过渡效果，可用于实现一个场景逐渐淡入而显现另一个场景的效果，可以很好地表现事物之间的缓慢过渡及变化。图4-24所示为应用"交叉溶解"视频过渡效果的场景，图4-25所示为应用"叠加溶解"视频过渡效果的场景。

图4-24 应用"交叉溶解"视频过渡效果的场景　　图4-25 应用"叠加溶解"视频过渡效果的场景

7. "缩放"效果组

"缩放"效果组中只有"交叉缩放"视频过渡效果，该视频过渡效果会先将场景A放至最大，然后切换到最大化的场景B，再缩放场景B到合适的大小。

8. "页面剥落"效果组

"页面剥落"效果组中包含"翻页"和"页面剥落"两种视频过渡效果，呈现效果是将场景A以书页翻页的形式翻转至场景B。图4-26所示为应用"翻页"视频过渡效果的场景，图4-27所示为应用"页面剥落"视频过渡效果的场景。

图4-26 应用"翻页"视频过渡效果的场景　　图4-27 应用"页面剥落"视频过渡效果的场景

技能
提升

图4-28所示为某款猫粮产品宣传视频的部分截图，请扫描右侧的二维码查看完整的视频（素材位置：技能提升\第4章\猫粮.mp4）并对其进行分析，回答以下问题。

高清视频

（1）该视频中应用了哪些视频过渡效果？

_____

（2）这些视频过渡效果应用的时机是否合适？为什么？这些视频过渡效果的应用给了你哪些启示？

_____

_____

图4-28　猫粮产品宣传视频部分截图

4.2

编辑视频过渡效果

为视频应用视频过渡效果后，还可在"时间轴"面板中选中应用的视频过渡效果，然后在"时间轴"面板或"效果控件"面板中进行编辑。

4.2.1　课堂案例——制作"美味糕点"短视频

案例说明：某短视频平台发起了一个"美食挑战赛"活动，要求参赛人员采用短视频的形式，在30秒以内展现制作美食的过程，并且各个制作步骤的视频片段之间的过渡要自然、流畅。制作时可以在视频中加入一些文字，以提升视频的丰富度，参考效果如图4-29所示。

高清视频

知识要点：视频过渡效果的应用和编辑。

素材位置：素材\第4章\糕点制作.mp4

效果位置：效果\第4章\美味糕点.prproj

图4-29　"美味糕点"短视频参考效果

✍ 设计素养

　　随着移动通信技术的飞速发展，以及智能手机的普及，短视频已经成为人们记录生活的一种方式，给人们的学习、工作和生活带来了很大影响。在这样的时代背景下，视频剪辑人员在制作短视频时要充分发挥短视频的优势，主动承担起宣传社会正能量、引导良好网络风气和社会风气的责任。

　　其具体操作步骤如下。

STEP 1 　新建一个名为"美味糕点"的项目文件，然后将"糕点制作.mp4"视频素材导入"项目"面板，再将"项目"面板中的视频素材拖曳到"时间轴"面板中以创建新序列，在"时间轴"面板中可看到原始视频素材较长，需对其进行剪辑。

视频教学：
制作"美味糕点"
短视频

STEP 2 　在"时间轴"面板中选择序列，将时间指示器定位到00:00:04:09处，按【M】键添加标记。使用相同的方法依次在00:00:07:02、00:00:09:25、00:00:14:21、00:00:17:26、00:00:23:29、00:00:37:20、00:00:44:01、00:00:52:03、00:00:58:05、00:00:59:12处添加标记，如图4-30所示。

STEP 3 　选择"剃刀工具" ✎，将鼠标指针移动到"时间轴"面板上的第1个标记处，当出现辅助线时单击鼠标左键剪切视频素材，如图4-31所示。

图4-30　添加标记　　　　　　　　　　　　　　图4-31　剪切视频素材

STEP 4 　使用相同的方法依次剪切其他标记处的视频素材，依次选择第1、3、5、9、11个视频片段，按住【Shift】键，按【Delete】键波纹删除选择的视频片段。

STEP 5 　在"时间轴"面板中选择所有的视频片段，按【Ctrl+R】组合键打开"剪辑速度/持续时间"对话框，设置速度为200%，选中"波纹编辑，移动尾部剪辑"复选框，单击 确定 按钮，如图4-32所示。

STEP 6 　此时视频的主题尚不明确，可通过添加文字来体现。按【Home】键将时间指示器定位到视频的开始位置，选择"文字工具" T，在画面中间单击鼠标左键，然后输入文字"美味糕点"。选择文字，打开"效果控件"面板，依次展开"文本（美味糕点）""源文本"栏，设置字体为"汉仪铸字童年体W"、字体大小为"180"、字距为"60"，如图4-33所示。

STEP 7 　选择"选择工具" ▶，在"节目"面板中选择文字，按【Ctrl+C】组合键复制，按【Ctrl+V】组合键粘贴。

STEP 8 　选择复制的文字，将其拖曳到"美味糕点"文字的右下角，然后在"效果控件"面板中修改文字内容为"#美食挑战赛"、字体为"黑体"、字体大小为"40"，效果如图4-34所示。

STEP 9 　将时间指示器移到00:00:01:12处，在"时间轴"面板中将V2轨道上的文字序列的出点拖曳到时间指示器所在的位置，设置文字的显示时长，效果如图4-35所示。

STEP 10 打开"效果"面板，在"视频过渡"文件夹中展开"溶解"文件夹，将其中的"黑场过渡"视频过渡效果拖曳到V1轨道的第1个视频的开头位置，如图4-36所示，然后在"时间轴"面板中选中该视频过渡效果。

图 4-32　调整剪辑速度

图 4-33　设置文字效果　　　　　　图 4-34　查看效果

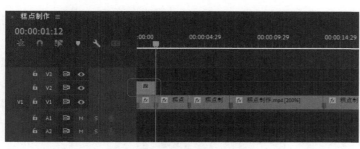

图 4-35　调整文字序列的出点　　　　　　图 4-36　添加视频过渡效果

STEP 11 打开"效果控件"面板，设置"黑场过渡"视频过渡效果的持续时间为"00:00:00:15"，如图4-37所示。

STEP 12 将"溶解"文件夹中的"交叉溶解"效果拖曳到V2轨道的文字序列的结尾位置，并在"时间轴"面板中选中该视频过渡效果，然后在"效果控件"面板中设置"交叉溶解"视频过渡效果的持续时间为"00:00:00:10"，使文字的显示时间更长。

STEP 13 在"时间轴"面板中选择V1轨道中除第1段视频外的其余所有视频，按【Ctrl+D】组合键为这些视频添加Premiere默认的视频过渡效果，如图4-38所示。

图 4-37　调整视频过渡效果的持续时间

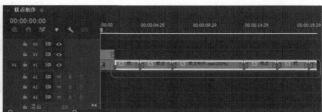

图 4-38　添加默认的视频过渡效果

STEP 14 选择V1轨道中最后1个视频末尾处的视频过渡效果，按【Delete】键删除。

STEP 15 预览视频，发现最后一段视频是展示成品，因此最后一段视频可以突出显示一下。在"效果"面板中展开"视频过渡"文件夹中的"缩放"文件夹，将其中的"交叉缩放"视频过渡效果拖曳到V1轨道的最后一个"交叉溶解"视频过渡效果上以进行替换，如图4-39所示。

STEP 16 在"时间轴"面板中选择"交叉缩放"视频过渡效果,在"效果控件"面板中设置其持续时间为"00:00:00:10"、对齐方式为"起点切入",如图4-40所示。查看完成后的效果,然后按【Ctrl+S】组合键保存文件。

图4-39 替换视频过渡效果 　　　　　　　　　图4-40 设置视频过渡效果

4.2.2 调整视频过渡效果的持续时间

为素材添加视频过渡效果后,可通过"时间轴"面板、"效果控件"面板和命令来增加或缩短视频过渡效果的持续时间。

- 在"时间轴"面板中调整:在"时间轴"面板中选择需要调整的视频过渡效果,将鼠标指针放在视频过渡效果的左侧,当鼠标指针变为█形状时,向左拖曳可增加持续时间,如图4-41所示,向右拖曳可缩短持续时间;将鼠标指针放在视频过渡效果的右侧,当鼠标指针变为█形状时,向左拖曳可缩短持续时间,如图4-42所示,向右拖曳可增加持续时间。

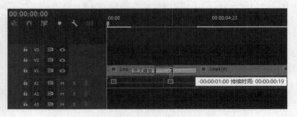

图4-41 向左拖曳增加持续时间 　　　　　　图4-42 向左拖曳缩短持续时间

- 在"效果控件"面板中调整:在"时间轴"面板中选择需要调整的视频过渡效果,然后在打开的"效果控件"面板中的"持续时间"数值框中输入视频过渡效果的持续时间并按【Enter】键;或者将鼠标指针放在"效果控件"面板右上角的视频过渡效果的左侧或右侧,当鼠标指针变为█或█形状时,向左或向右拖曳,以增加或缩短持续时间,如图4-43所示。
- 通过命令调整:选中视频过渡效果后单击鼠标右键,在弹出的下拉列表框中选择"设置过渡持续时间"命令(或在"时间轴"面板中直接双击视频过渡效果),打开"设置过渡持续时间"对话框,在对话框的"持续时间"数值框中输入持续时间,如图4-44所示。

图4-43 在"效果控件"面板调整视频过渡效果的持续时间 　　图4-44 通过命令调整视频过渡效果的持续时间

4.2.3　调整视频过渡效果的对齐方式

默认情况下，Premiere的视频过渡效果以"中心切入"的方式对齐，此时视频过渡效果在前一个素材中显示的部分与在后一个素材中显示的部分相同。如果需要调整视频过渡效果在前、后素材中的显示部分，则可以使用以下两种方法。

- 在"效果控件"面板中调整：在"时间轴"面板中选择需要调整的视频过渡效果，在"效果控件"面板的"对齐"下拉列表中选择不同的对齐方式。其中，"起点切入"对齐方式表示视频过渡效果将位于第2个素材的开头，"结束切入"对齐方式表示视频过渡效果将在第1个素材的末尾处结束。将鼠标指针放在"效果控件"面板右上角的视频过渡效果上，当鼠标指针变为 形状时，向左或向右拖曳鼠标，可移动视频过渡效果，如图4-45所示。
- 在"时间轴"面板中调整：在"时间轴"面板中选择需要调整的视频过渡效果，向左拖曳鼠标，可将视频过渡效果与编辑点的结束位置对齐；向右拖曳鼠标，可将视频过渡效果与编辑点的开始位置对齐，如图4-46所示。

图4-45　在"效果控件"面板中拖曳视频过渡效果

图4-46　在"时间轴"面板中拖曳视频过渡效果

4.2.4　设置视频过渡效果的边框和反向

对于某些特殊的视频过渡效果（如"内滑"效果组、"划像"效果组、"擦除"效果组）而言，在"效果控件"面板中除了可以调整持续时间和对齐方式外，还可设置视频过渡效果的边框和反向，使视频过渡效果更符合制作需求。

1. 设置视频过渡效果的边框

若需过渡的两个素材极为相似，很容易导致视频过渡效果不明显，则可通过设置视频过渡效果的边框宽度和边框颜色来进行突出。

- 设置视频过渡效果的边框宽度：将鼠标指针移动到"效果控件"面板中的"边框宽度"右侧的数值上，当鼠标指针变为 形状时，按住鼠标左键向左拖曳可减小宽度，向右拖曳可增大宽度。也可单击该数值，在激活的数值框中输入具体宽度。
- 设置视频过渡效果的边框颜色：单击"效果控件"面板中"边框颜色"右侧的色块，在打开的"拾色器"对话框中可设置边框颜色；或单击"滴管工具" ，吸取当前画面中的颜色作为边框颜色。

2. 设置视频过渡效果的反向

默认情况下，视频过渡效果是从A到B进行过渡的，即从第1个场景过渡到第2个场景。若需从第2个场景过渡到第1个场景，则可在"效果控件"面板下方选中"反向"复选框，对视频过渡效果进行反向设置。

技能
提升

图4-47所示为某美食宣传视频片段，请结合本节所讲述的知识和提供的素材（素材位置：技能提升\第4章\美食宣传视频\），分析该作品并完成以下练习。

高清视频

（1）分析该作品中视频过渡效果的应用是否合理？持续时间是否合适？对齐方式是否恰当？

_____

_____

图4-47　美食宣传视频片段

（2）尝试在提供的美食宣传视频源文件中更换视频过渡效果，提升对不同视频过渡效果的运用能力。

4.3 课堂实训

4.3.1　制作"旅行纪念册"电子相册

1. 实训背景

某旅行社为了回馈老客户，增强客户黏性，推出了一个"免费赠送电子相册"的活动。现要将为客户拍摄的旅行照片制作成"旅行纪念册"电子相册，然后赠送给客户。

2. 实训思路

（1）设计封面。为了使客户对旅行社留下深刻的印象，在设计电子相册的封面时可以选择一张效果美观的图片，还可添加一些装饰元素，以提升封面的美观性；然后通过文字体现旅行社的名称、旅行时间等，加深客户对旅行社的记忆。

（2）添加视频过渡效果。由于提供的素材图片较多，如果没有任何过渡，在视觉上会显得比较乏味、没有美感，因此，可在素材图片间应用一些合适的视频过渡效果，使素材图片的展现更加美观、自然。

高清视频

（3）添加背景音乐。除了视觉上的美化处理，还可在电子相册中添加轻松、愉悦的轻音乐作为背景音乐，增强听觉方面的情感表达。

本实训的参考效果如图4-48所示。

图4-48　"旅行纪念册"电子相册参考效果

素材位置： 素材\第4章\背景音乐.mp3、装饰.png、\旅行\

效果位置： 效果\第4章\旅行纪念册.prproj

3. 步骤提示

STEP 1 新建一个名称为"旅行纪念册"的项目文件，将"旅行"素材文件夹导入"项目"面板。

STEP 2 新建一个大小为"1225×895"、名称为"旅行纪念册"的序列文件。将"旅行"素材箱中的所有图片全部拖曳到"时间轴"面板中，并按照图片序号进行排序。

视频教学：
制作"旅行纪念
册"电子相册

STEP 3 在"时间轴"面板中选择所有图片，单击鼠标右键，在弹出的下拉列表框中选择"缩放为帧大小"命令，使所有图片刚好覆盖整个画面。

STEP 4 此时发现部分图片的大小仍不合适，需要单独调整。设置第9张图片的缩放为"114"、第10张图片的缩放为"107"、第12张图片的缩放为"109"，使这3张图片刚好铺满屏幕。

STEP 5 在"时间轴"面板中再次全选所有图片，在"剪辑速度/持续时间"对话框中设置素材的持续时间为"00:00:03:00"。

STEP 6 在"时间轴"面板中将"15.jpg"素材移动到"1.jpg"素材的前面作为封面。

STEP 7 使用"文字工具"T在封面图片上输入文字信息，并设置文字的字体、颜色、间距等；然后将"装饰.png""背景音乐.mp3"素材导入"项目"面板，并将"装饰.png"素材拖曳到"时间轴"面板的V3轨道中。使用与步骤4相同的方法调整图片的大小，然后将其移动到画面底部。

STEP 8 将V2轨道上文字和V3轨道上装饰的入点和出点调整到与V1轨道上第1张图片的入点和出点一致，完成封面的制作。

STEP 9 在V2和V3轨道的开头添加"叠加溶解"视频过渡效果，在V1轨道上的第1个和第2个素材之间添加"翻页"视频过渡效果，并设置视频过渡效果的切入方式为"起点切入"。

STEP 10 在V1轨道上的其余素材之间添加不同的视频过渡效果，将"背景音乐.mp3"素材拖到A1轨道中，预览最终效果并保存文件。

4.3.2 制作企业宣传片

1. 实训背景

某企业计划在成立20周年之际制作一个企业宣传片，用于对企业进行阶段性总结。现已策划好了宣传片的具体内容，包括企业历史、所处行业、产品定位及企业文化等，宣传片尺寸为1920像素×1080像素、时长在30秒以内，并要求场景切换自然、流畅，视频节奏恰当。

2. 实训思路

（1）设计片头。为了让企业宣传片的片头能够在短时间内很好地吸引受众，让受众产生继续观看的兴趣，在设计片头时，可通过调整文字的入点使文字逐渐显现，并考虑添加一些视频过渡效果，以增强画面动感，效果如图4-49所示。

图4-49 片头效果

（2）剪辑正片。由于提供的企业宣传片素材是多个不同的视频片段，时长都比较长，不符合制作要求，因此在制作宣传片正片时需要先剪辑视频，以及通过调整视频播放速度来控制视频时长，然后可考虑在剪辑后的视频片段间添加视频过渡效果。

（3）丰富内容。为了丰富企业宣传片的内容，可以结合视频片段的画面来提炼和展示文案，并考虑为所有文字的入点和出点添加比较柔和的视频过渡效果，既不与视频发生冲突、让受众产生视觉疲劳，又能使文字的展现效果更加丰富。除此之外，还可添加舒缓的背景音乐，创造出轻松、愉快的氛围。

高清视频

本实训的参考效果如图4-50所示。

图4-50 企业宣传片参考效果

素材位置： 素材\第4章\企业宣传片素材\

效果位置： 效果\第4章\企业宣传片.prproj

3. 步骤提示

STEP 1 新建一个名为"企业宣传片"的项目文件,将"企业.psd"素材以"各个图层"的方式导入"项目"面板。

STEP 2 将导入的素材全部拖曳到"时间轴"面板中,并使素材呈阶梯状摆放。在00:00:02:23位置剪切视频,然后删除剪切位置右侧的所有素材。

视频教学:
制作企业宣传片

STEP 3 在V1~V5轨道上素材的入点位置统一添加"棋盘擦除"视频过渡效果,选择V2和V5轨道上的"棋盘擦除"视频过渡效果,在"效果控件"面板中选中"反向"复选框。修改"企业"序列名称为"片头",将"企业宣传片素材"文件夹中的其他素材文件全部导入"项目"面板。

STEP 4 新建一个大小为"1920×1080"、名称为"宣传片内容"的序列文件,然后将所有的视频素材拖曳到该序列中,按照城市、工作、环境、研究、物流的顺序排列。

STEP 5 调整第1段视频的速度为200%,在00:00:03:08位置按【W】键剪辑视频;调整第2段视频的速度为200%、缩放为"150",在00:00:07:21位置按【W】键剪辑视频;调整第3段和第4段视频的速度为200%、缩放为"150";调整第5段视频的速度为200%。

STEP 6 在V1轨道上的其余素材间添加不同的视频过渡效果,并在"效果控件"面板中调整视频过渡效果。在00:00:00:15位置输入宣传片文字,设置文字的字体为"黑体",调整文字大小、字距和间距,并将文字置于画面中心。

STEP 7 在"时间轴"面板中将该文字的出点调整至与整个视频素材的出点相同,并按照视频片段的出现位置剪切文字,将其分为6段,再修改V2轨道中后面5段的文字内容。

STEP 8 全选V2轨道上的所有文字内容,为其统一添加"交叉溶解"视频过渡效果,然后在"效果控件"面板中根据实际情况调整视频过渡效果的持续时间(如果文字片段较短,则可缩短视频过渡效果的持续时间)。

STEP 9 新建一个名称为"企业宣传片"的序列文件,将"片头"序列和"宣传片内容"序列依次拖曳到V1轨道中,然后将"背景音乐.mp3"素材拖曳到A1轨道中,再将时间指示器移动到视频末尾,按【W】键剪辑"背景音乐.mp3"素材,预览最终效果并保存文件。

4.4
课后练习

练习 1 制作"护肤品展示"电子相册

某护肤品品牌需要制作一个"护肤品展示"电子相册,要求在电子相册中突出待展示产品的外观,并通过文案体现产品卖点,以吸引消费者。制作时,可为不同的素材适当添加视频过渡效果来提高电子相册的观赏性和丰富度,参考效果如图4-51所示。

高清视频

图4-51 "护肤品展示"电子相册参考效果

素材位置：素材\第4章\护肤品素材图片\

效果位置：效果\第4章\护肤品展示.prproj

练习 2 制作陶艺宣传视频

高清视频

　　某校准备开展一门陶艺体验课，现需要制作一个陶艺宣传视频，以引起学生对该课程的学习兴趣。制作时，可在视频片段间添加视频过渡效果，然后添加文字体现视频主题，并通过为文字添加柔和的视频过渡效果使文字的展现更加自然，参考效果如图4-52所示。

素材位置：素材\第4章\陶艺视频\

效果位置：效果\第4章\陶艺宣传视频.prproj

图4-52 陶艺宣传视频参考效果

第 **5** 章

制作视频特效

通常情况下，视频特效是指由某些功能软件制作出的特殊效果。Premiere 中提供了多种视频效果，可以应用于视频、图片和文字等素材，从而使制作的视频具有强烈的视觉冲击力和艺术感染力，也能够更好地突出视频主题。

▍📖 **学习目标**

◎ 熟悉视频的运动属性

◎ 掌握关键帧的运用方法

◎ 掌握常见视频效果的运用方法

▍✦ **素养目标**

◎ 培养学习各种视频效果的兴趣

◎ 积极探索视频与视频效果的多种结合方式

▍⊗ **案例展示**

"旅游指南"视频片头

5.1

制作视频的运动效果

使用关键帧添加和控制视频的运动效果，可以使视频更加丰富，这些操作主要通过"效果控件"面板的"运动"栏中的相关参数来完成。

5.1.1 课堂案例——制作 Vlog 封面

案例说明：好的视频封面就像是视频内容的"窗户"，可以激发用户单击并观看视频的欲望，因此，某旅行视频博主打算为拍摄的Vlog视频制作一个封面，并利用关键帧制作出动态效果，以达到快速吸引目标用户视线、提高视频点击率的目的，参考效果如图5-1所示。

知识要点：关键帧的设置、运动属性的运用。

素材位置：素材\第5章\Vlog.mp4、飞机.png、按钮.png

效果位置：效果\第5章\Vlog封面.prproj

高清视频

图 5-1　Vlog 视频封面参考效果

其具体操作步骤如下。

STEP 1 新建一个名为"Vlog封面"的项目文件，将"Vlog.mp4"素材文件导入"项目"面板，并将该素材拖曳到"时间轴"面板的V2轨道中。

STEP 2 新建一个白色的颜色遮罩，将其拖曳到V1轨道中，并调整颜色遮罩的出点与V2轨道上视频素材的出点一致。

STEP 3 在"时间轴"面板中选择V2轨道的视频素材，打开"效果控件"面板，单击"缩放"参数右侧的数值，激活数值框后重新输入数字"78"，如图5-2所示，使视频下方的颜色遮罩作为背景显现出来，如图5-3所示。

视频教学：
制作 Vlog 封面

图 5-2　调整缩放　　　　　　　　　　　　　　　图 5-3　查看效果

> 🔔 **提示**
>
> 　　调整参数时，将鼠标指针移动到相关数值上，当鼠标指针变为🖐形状时，按住鼠标左键向左拖曳可减小数值，向右拖曳可增大数值；也可以单击参数左侧的▶按钮，展开参数调节滑块，通过拖曳滑块调整参数。

STEP 4　将"飞机.png"素材导入"项目"面板，然后将其拖曳到V3轨道的入点位置，并调整其出点与V1和V2轨道的素材的出点一致。

STEP 5　由于"飞机.png"素材过大，并且其位置和飞行方向都不符合设计需求，因此可在"时间轴"面板中选择"飞机.png"素材，在"效果控件"面板中调整"位置""缩放""旋转"参数，如图5-4所示。

STEP 6　接下来制作飞机的飞行动画效果。在"效果控件"面板中"位置"参数的左侧单击"切换动画"按钮🕐添加关键帧，然后将时间指示器移动到00:00:05:00处，修改"位置"参数，当前位置也会添加一个位置关键帧，如图5-5所示。

图5-4　调整参数　　　　　　　　　　　　　　　　图5-5　添加关键帧

STEP 7　在当前位置输入文字内容，然后设置文字字体为"方正字迹-张亮硬笔行书简体"、文字颜色为白色，调整文字的位置，效果如图5-6所示。

STEP 8　添加一个视频轨道，将"按钮.png"素材导入"项目"面板，然后将其拖曳到V5轨道的时间指示器位置，并设置其缩放为"20"、位置为"1368，1215"，最后调整V4和V5轨道的素材的出点与其余轨道上素材的出点一致。

STEP 9　选择V4轨道上的素材，在"效果控件"面板中的"视频"栏中单击"不透明度"参数左侧的"切换动画"按钮🕐，并设置不透明度为"0%"。将时间指示器移动到00:00:19:00处，单击"不透明度"参数右侧的"重置参数"按钮🔄，将其设置为默认的"100%"，如图5-7所示。

图5-6　添加文字

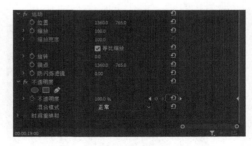

图5-7　重置参数

STEP 10　选择V4轨道上的素材，按【Ctrl+C】组合键复制。选择V5轨道上的素材，单击鼠标右键，在弹出的下拉列表框中选择"粘贴属性"命令，在打开的"粘贴属性"对话框中选中"不透明度"

单选项，取消选中其余单选项，然后单击 确定 按钮，最后按【Ctrl+S】组合键保存文件。

5.1.2 了解视频的运动属性

视频的运动属性是Premiere中每个素材都具备的基本属性，将素材添加至"时间轴"面板中后，选择素材，在素材对应的"效果控件"面板中单击"运动"栏左侧 按钮，在展开的"运动"栏中可以查看和设置不同的运动属性，如图5-8所示。

图5-8 查看运动属性

1. 位置

位置可用于设置素材在画面中的位置，该属性中有两个数值框，分别用于定位素材在画面中的x轴坐标（水平坐标）和y轴坐标（垂直坐标）。在"效果控件"面板中选择"位置"参数，在"节目"面板中将鼠标指针移动到素材上，按住鼠标左键拖曳，可直接移动素材。

2. 缩放

缩放可用于设置素材在画面中的显示大小。若选中"等比缩放"复选框，则在"缩放"数值框中输入数值后即可等比例缩放素材，默认状态下为"100"。若取消选中"等比缩放"复选框，则可分别对素材设置不同的缩放宽度和缩放高度，但这样做容易造成画面变形。

3. 旋转

旋转可用于设置素材在画面中的旋转角度。当旋转角度小于360°时，"旋转"参数只显示一个数值。图5-9所示为旋转角度为20°的状态。当旋转角度大于360°时，"旋转"参数将显示两个数值，第1个数值为旋转的周数，第2个数值为旋转的角度。图5-10所示为旋转角度为380°的状态。

图5-9 旋转角度为20°的状态

图5-10 旋转角度为380°的状态

4．锚点

默认情况下，锚点即素材的中心点，图标显示为 ⊕，素材的位置调整、旋转和缩放都基于锚点来操作。设置锚点时，除了直接在数值框中输入准确的数值外，还可在"效果控件"面板中选择"锚点"参数，在"节目"面板中将鼠标指针移动到锚点的位置，当鼠标指针变为 形状时，按住鼠标左键拖曳，以快速改变锚点的位置，如图5-11所示，但这也会同时改变位置属性的x值和y值。

图5-11　在"节目"面板中改变锚点的位置

5．防闪烁滤镜

防闪烁滤镜用于对处理的素材进行颜色的提取，当转换隔行扫描视频或者缩小高分辨率素材时，可减少或避免画面细节的闪烁问题。

除了以上5种基本的视频运动属性外，Premiere中还包含不透明度和时间重映射，这两种也是Premiere中每个素材都具备的基本属性。不透明度主要用于调整素材的透明程度和混合模式，可让素材变成透明状态或拥有其他特殊效果；时间重映射主要用于调整素材的播放速度，如加快、减慢、倒放等，常用于制作变速视频。

5.1.3　通过"效果控件"面板编辑关键帧

关键帧是指角色或者物体运动变化中关键动作所处的那一帧，是运动变化过程中最重要的帧类型之一。在视频剪辑过程中，可以设置关键帧在不同时间点的不同参数值，使视频在播放过程中产生动态变化。在Premiere中，设置关键帧的操作主要在"效果控件"面板中进行。

1．开启、添加和查看关键帧

在设置关键帧之前，需要先掌握开启、添加和查看关键帧的方法。

（1）开启关键帧

在"时间轴"面板中选择需要添加关键帧的素材，然后将时间指示器定位到需要添加关键帧的位置，在"效果控件"面板中需要添加关键帧的参数左侧单击"切换动画"按钮 ，此时该按钮会变为蓝色 ，呈激活状态，且时间指示器所在时间点会自动生成一个关键帧，记录当前参数值。需要注意的是，激活关键帧后，不能再单击激活后的"切换动画"按钮 创建关键帧，否则会自动删除全部关键帧。

（2）添加关键帧

开启某参数的关键帧后将激活其右侧的按钮组 ，将时间指示器拖曳到需要添加关键帧的位置，重新设置该参数值，或单击其中的"添加/移除关键帧"按钮 ，即可在"效果控件"面板右侧的时间线位置添加一个关键帧 ，同时该按钮会变为蓝色 ，呈激活状态。

（3）查看关键帧

当"效果控件"面板中的某个参数包含多个关键帧时，可通过其右侧按钮组 中的"跳转到上一关键帧"按钮 和"跳转到下一关键帧"按钮 查看关键帧的位置和参数值。

2. 选择和删除关键帧

若在操作中添加了多余的关键帧，则可先选择关键帧，再将其删除。

（1）选择关键帧

选择"选择工具" ，直接在"效果控件"面板右侧的时间线位置单击所要选择的关键帧，可选择单个关键帧（当关键帧显示为蓝色时，表示该关键帧已被选中）；按住鼠标左键并拖曳出一个框选范围，释放鼠标左键后，在框选范围内的多个相邻关键帧将被全部选中；按住【Shift】键或者【Ctrl】键，然后依次单击多个关键帧，即可选择多个不相邻的关键帧，如图5-12所示。

图5-12　选择关键帧

若要选择某个参数中的全部关键帧，则可在"效果控件"面板中双击该参数名称。

（2）删除关键帧

在"效果控件"面板右侧的时间线位置选择需要删除的关键帧，按【Delete】键，或单击鼠标右键，在弹出的下拉列表框中选择"清除"命令，即可删除所选关键帧；选择"清除所有关键帧"命令，即可删除所有关键帧。此外，在"效果控件"面板右侧的时间线位置将时间指示器移动到需要删除的关键帧上（移动时可按住【Shift】键，让时间指示器吸附到该关键帧所在的时间点），此时"添加/移除关键帧"按钮 将被激活，单击该按钮，即可删除关键帧。

3. 复制和粘贴关键帧

在制作关键帧动画时，有时需要添加多个有相同参数值的关键帧，此时就可以通过复制、粘贴命令设置相同的关键帧。

- 使用菜单命令复制和粘贴：选择需要复制的关键帧，选择【编辑】/【复制】命令，或单击鼠标右键，在弹出的下拉列表框中选择【复制】命令；然后将时间指示器移动至新的位置，选择【编辑】/【粘贴】命令，或单击鼠标右键，在弹出的下拉列表框中选择【粘贴】命令，即可将关键帧粘贴到新的位置。

- 使用【Alt】键复制和粘贴：选择需要复制的关键帧，按住【Alt】键，同时在该关键帧上按住鼠标左键，将其向左或向右拖曳；释放鼠标左键后，将会出现一个相同的关键帧。

- 使用快捷键复制和粘贴：选择需要复制的关键帧，按【Ctrl+C】组合键进行复制，然后将时间指示器移动到需要粘贴关键帧的位置，按【Ctrl+V】组合键进行粘贴。

4. 编辑关键帧插值

插值（也称补间）是指在两个已知的参数值之间填充未知数据的过程。在创建了关键帧后，

Premiere会自动在关键帧之间进行插值，用来形成连续的动画，用户可通过编辑关键帧插值精确地控制动画播放速度的变化。Premiere中的关键帧插值主要分为"临时插值"和"空间插值"两种。

临时插值用于控制关键帧在时间线上的变化状态，使其匀速运动或变速运动。空间插值用于控制关键帧在空间中的位置变化，使其直线运动或曲线运动。在"效果控件"面板中选择一个"锚点"关键帧，单击鼠标右键，在弹出的下拉列表框中选择"临时插值"命令，其子菜单中包含7种插值类型，默认为"线性"，如图5-13所示；选择"空间插值"命令，其子菜单中包含4种插值类型，默认为"自动贝塞尔曲线"，如图5-14所示。

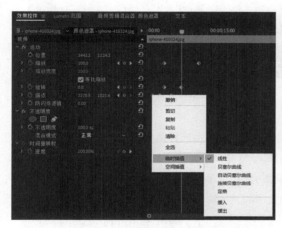

图5-13 查看"临时插值"插值类型

图5-14 查看"空间插值"插值类型

要编辑关键帧插值，可先在"效果控件"面板中选择关键帧，单击鼠标右键，在弹出的下拉列表框中选择一种插值类型（也可保持默认的插值类型），然后在"效果控件"面板右侧的速率图表中调整插值的变化状态。图5-15所示为"贝塞尔曲线"关键帧插值的变化状态。

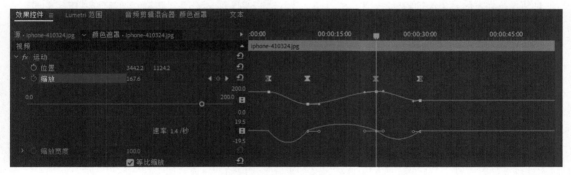

图5-15 "贝塞尔曲线"关键帧插值的变化状态

5.1.4 通过"时间轴"面板编辑关键帧

上一小节所讲的操作基本上都在"效果控件"面板中完成。除此之外，关键帧也存在于"时间轴"面板的轨道中，因此也可以在"时间轴"面板中编辑关键帧。

1. 显示关键帧区域

在"时间轴"面板中双击轨道上素材左侧的空白位置，显示出素材的关键帧区域，如图5-16所示；或直接向下拖曳"时间轴"面板右侧的滑块，显示出素材的关键帧区域，如图5-17所示。

图5-16　通过双击显示素材的关键帧区域　　　　图5-17　通过拖曳显示素材的关键帧区域

2. 设置关键帧类型

使用鼠标右键单击素材中的■图标，可在弹出的下拉列表框中选择需要显示的关键帧类型，如图5-18所示；或在"时间轴"面板中选中的素材上单击鼠标右键，在弹出的下拉列表框中选择"显示剪辑关键帧"命令，可在其子菜单中选择需要显示的关键帧类型。"时间轴"面板中默认显示的关键帧类型为"不透明度"，如图5-19所示，与"效果控件"面板中的关键帧同步对应。

图5-18　选择需要显示的关键帧类型　　　　图5-19　默认显示的关键帧类型

3. 调整关键帧参数

选择关键帧类型后，"时间轴"面板中的素材中间将会出现一条横线，向下拖曳横线可减小数值，向上拖曳横线可增大数值；素材左侧的轨道中会出现按钮组■■■■■。可以使用与"效果控件"面板中相同的方法对关键帧进行添加、查看、选择、移动、删除、复制和粘贴等操作。不同的是，在"时间轴"面板中只能通过选择关键帧，然后向上或向下移动关键帧来调整关键帧的具体数值，如图5-20所示。

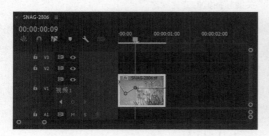

图5-20　调整关键帧的具体数值

🔗 资源链接

不同的关键帧插值会产生不同的运动效果，扫码右侧的二维码，可详细了解关键帧插值类型。

扫码看详情

5.1.5 课堂案例——为视频中的人物添加马赛克

案例说明：某视频博主拍摄了一段有关生活的视频，且想要将其发布到网上。为保护人物肖像权，需要在人物面部添加马赛克，但手动在视频的每一帧添加马赛克的工作效率太低，因此使用蒙版的跟踪功能，将蒙版应用到人物面部后，让蒙版跟踪人物自动移动，产生位置变化，参考效果如图5-21所示。

高清视频

知识要点：绘制并调整蒙版、应用蒙版的跟踪功能。

素材位置：素材\第5章\人物视频.mov

效果位置：效果\第5章\人物马赛克.prproj

图5-21 添加马赛克参考效果

其具体操作步骤如下。

STEP 1 新建一个名为"人物马赛克"的项目文件，将"人物视频.mov"素材导入"项目"面板，并将其拖曳到"时间轴"面板中。

STEP 2 在"效果"面板中的搜索框中输入"马赛克"文字，按【Enter】键进行搜索，选择搜索结果中的"马赛克"视频效果，如图5-22所示。

STEP 3 将"马赛克"视频效果拖曳到"时间轴"面板中的V1轨道上，此时"节目"面板中的视频画面将被添加马赛克，如图5-23所示。

视频教学：
为视频中的人物
添加马赛克

图5-22 搜索并选择"马赛克"视频效果　　　　**图5-23 添加"马赛克"视频效果**

STEP 4　在"效果控件"面板中展开"马赛克"栏，设置水平块和垂直块均为"64"，然后单击"创建椭圆形蒙版"工具　，激活"蒙版"栏，如图5-24所示。

STEP 5　此时"节目"面板中将自动创建一个椭圆形蒙版，将时间指示器移到00:00:00:27位置（需要遮挡的人物面部出现的位置）。选择"选择工具"　，在"节目"面板中将鼠标指针移动到蒙版区域，当鼠标指针变成　形状时，按住鼠标左键进行拖曳，调整蒙版的位置，让蒙版遮住人物面部；然后选中蒙版下方的控制点，按住鼠标左键并向上拖曳，调整蒙版的形状，效果如图5-25所示。

图5-24　调整参数和创建蒙版　　　　　　　　　　图5-25　调整蒙版

STEP 6　使用相同的方法继续拖曳蒙版上的其他控制点，调整蒙版的形状，直至刚好能够遮挡住人物面部，如图5-26所示。

STEP 7　由于需要遮挡的人物面部可能会随着人物行走产生形状大小的变化，因此需要在"效果控件"面板中单击"蒙版路径"参数右侧的　按钮，在打开的下拉菜单中选择"位置、缩放及旋转"命令，再单击"向前跟踪所选蒙版"按钮　，等待进度条完成。随着人物的移动，蒙版会自动跟踪人物面部位置，"效果控件"面板中也会自动创建"蒙版路径"关键帧，如图5-27所示。

图5-26　再次调整蒙版的形状　　　　　　　　图5-27　自动创建"蒙版路径"关键帧

STEP 8　预览视频，发现在视频开始位置蒙版就已经出现了，需要通过调整蒙版的不透明度来控制蒙版的出现时间。在"效果控件"面板中设置蒙版的不透明度为"0%"，将时间指示器移动到00:00:00:26处，并创建一个"蒙版不透明度"关键帧，然后后移一帧，设置蒙版的不透明度为"100%"，最后按【Ctrl+S】组合键保存文件。

5.1.6　运用蒙版

Premiere中的蒙版类似于Photoshop中的矢量蒙版，主要是以形状（路径）来表示隐藏或显示的区域。如有需要对视频或图像的某一特定区域运用颜色变化、模糊或其他效果时，可以将没有被选中的区域隔离起来，使其不被编辑。简单来说，蒙版就是约束视频效果的生成范围，如为素材创建一个椭圆，那么视频效果将在椭圆范围内起作用。

1. 创建蒙版

Premiere提供了"创建椭圆形蒙版"工具◯、"创建四点多边形蒙版"工具▢和"自由绘制贝塞尔曲线"工具✐，用户可以使用这些工具来创建不同形状的蒙版。将素材拖曳到"时间轴"面板中，在"效果控件"面板中展开"不透明度"栏，或为素材应用视频效果，在"效果控件"面板中这3种工具都可看到。图5-28所示为"不透明度"栏中的蒙版创建工具，图5-29所示为"垂直翻转"视频效果中的蒙版创建工具。

图5-28 "不透明度"栏中的蒙版创建工具　　　　**图5-29 "垂直翻转"视频效果中的蒙版创建工具**

通过这3种工具可以创建出规则蒙版和自由形状蒙版。

- 创建规则蒙版：选择"创建椭圆形蒙版"工具◯或"创建四点多边形蒙版"工具▢后，"节目"面板中将会自动创建椭圆形或四点多边形的规则蒙版（以"不透明度"栏中的蒙版创建工具为例），如果在"效果控件"面板中选中了"蒙版"栏，则"节目"面板中的蒙版四周将会出现控制点。图5-30所示为创建的规则蒙版。

- 创建自由形状蒙版：自由形状蒙版是日常工作中最为常用的蒙版之一，在很多地方都适用。只需选择"自由绘制贝塞尔曲线"工具✐，在"节目"面板中通过绘制直线或曲线来创建不同形状的蒙版即可（以"不透明度"栏中的创建蒙版工具为例）。图5-31所示为创建自由形状蒙版。

图5-30 创建的规则蒙版　　　　　　　　　　　**图5-31 创建自由形状蒙版**

2. 调整蒙版的大小

按住【Shift】键，将鼠标指针移动到蒙版边缘，当鼠标指针变成双向箭头↔时进行拖曳，可以等比例缩小或放大蒙版，如图5-32所示。

3. 调整蒙版的形状

选中蒙版中的正方形控制点（控制点变为实心即表示处于选中状态，空心表示处于未选中状态），当鼠标指针变成▶形状时，拖曳即可改变蒙版形状，如图5-33所示。选择控制点时可以按住鼠标左键拖曳，框选多个连续的控制点，或者按住【Shift】键单击选择多个不连续的控制点。若要选中某个控制点，则可直接单击已选中的控制点；若要取消选择所有已选中的控制点，则可在当前的蒙版外单击。

图5-32　调整蒙版的大小

图5-33　调整蒙版的形状

4. 调整蒙版的羽化程度和扩展程度

单击并拖曳蒙版外侧的圆形控制点时，可调整蒙版的羽化程度；单击并拖曳蒙版外侧的菱形控制点时，可调整蒙版的扩展程度，如图5-34所示。

图5-34　调整蒙版的羽化程度和扩展程度

5. 旋转和移动蒙版

将鼠标指针移动到蒙版的正方形控制点上，当鼠标指针变成弯曲的双向箭头 时，按住鼠标左键拖曳即可旋转蒙版。若按住【Shift】键拖曳，则可以以22.5°为单位进行旋转。将鼠标指针移动到蒙版区域，当鼠标指针变成 形状时，按住鼠标左键进行拖曳可以调整蒙版的位置，如图5-35所示。

图5-35　旋转和移动蒙版

6. 编辑蒙版控制点

若需要将蒙版调整为不规则形状，则可通过编辑蒙版控制点来完成。

（1）添加或删除控制点

若要在蒙版上添加控制点，则可将鼠标指针置于蒙版边缘处，当鼠标指针变成带"+"号的钢笔形状时单击，如图5-36所示；若要删除控制点，则可在按住【Ctrl】键的同时将鼠标指针置于该控制点处，当鼠标指针变成带"-"号的钢笔形状时单击，如图5-37所示。

（2）转换控制点类型

蒙版中的控制点有角点和平滑点两种，角点与角点连接可以生成直线和转角曲线，平滑点与平滑点连接可以生成平滑的曲线。按住【Alt】键，将鼠标指针移动到需要转换的控制点上，当鼠标指针变为 形状时，如图5-38所示，单击可以在角点和平滑点之间相互转换。

图5-36　添加控制点　　　　图5-37　删除控制点　　　　图5-38　转换控制点类型

7. 删除、复制和粘贴蒙版

在"效果控件"面板中选中"蒙版"栏，按【Delete】键，或者单击鼠标右键，在弹出的下拉列表框中选择"清除"命令可以删除蒙版；按【Ctrl+C】组合键可以复制蒙版；按【Ctrl+V】组合键可以粘贴蒙版。

除此之外，也可以在添加蒙版后，直接在"效果控件"面板中对"蒙版羽化""蒙版不透明度"等参数进行更加精细的设置，如图5-39所示。

图5-39　在"效果控件"面板中调整蒙版

其中"蒙版路径"参数可用于对蒙版进行跟踪，让蒙版跟随对象从一帧移动到另一帧。"蒙版路径"参数右侧的一系列按钮 ，从左至右可分别用于向后跟踪所选蒙版一帧、向后跟踪所选蒙版、向前跟踪所选蒙版、向前跟踪所选蒙版一帧，单击 按钮，在打开的下拉菜单中可修改蒙版跟踪的方式，具体介绍如下。

- 位置：跟踪从帧到帧的蒙版位置。
- 位置及旋转：在跟踪位置的同时，蒙版根据各帧的需要更改旋转情况。
- 位置、缩放及旋转：在跟踪位置的同时，蒙版随着帧的移动而自动缩放和旋转。
- 预览：在进行蒙版跟踪时可以实时预览效果，但Premiere中的蒙版跟踪将会变慢，因此"预览"命令默认处于禁用状态。

🔔 **提示**

　　默认情况下，蒙版以内的区域处于显示状态，蒙版以外的区域处于隐藏状态，若在"效果控件"面板中选中"已反转"复选框，则蒙版以内的区域将处于隐藏状态，蒙版以外的区域将处于显示状态。

技能提升

　　运用蒙版还可以移除画面中的部分物体，其操作方法：在"时间轴"面板中复制素材，然后在视频轨道中上下叠放这两个素材，为上面的素材中需要移除的部分添加蒙版，并反转蒙版，再移动下面的素材，最后为蒙版设置合适的"蒙版羽化"参数值，使抠取的部分在视频画面中融合得更加自然。

　　请使用本小节所述知识，尝试利用提供的素材（素材位置：技能提升\第5章\船只.mp4）去除画面中的船只，以进行思维的拓展与能力的提升。图5-40所示为去除画面中的船只的前后对比效果。

高清视频

图5-40　去除画面中的船只的前后对比效果

5.2

制作常见的视频特效

　　Premiere提供多种视频效果，添加视频效果的方法与应用视频过渡效果的方法相同，只要在"效果"面板中选择需要添加的视频效果，然后将其拖曳到"时间轴"面板中需要应用视频效果的素材上即可。

5.2.1 课堂案例——制作手写文字视频特效

　　案例说明： 手写文字视频特效就是在视频中模拟手写文字并将其慢慢呈现出来，视频效果和人手写文字时的文字变化过程保持一致。手写文字视频特效经常用于视频开头，以吸引观众的注意力。现需要在视频片头制作一个手写文字视频特效，以提升视频的吸引力。要求使用"书写"视频效果进行制作，为了让视频显得不单调，还可以制作黑幕开场效果以丰富画面，参考效果如图5-41所示。

高清视频

 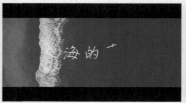 

图5-41　手写文字视频特效参考效果

知识要点：　"裁剪""书写"视频效果。

素材位置：　素材\第5章\海浪.mp4

效果位置：　效果\第5章\手写文字视频特效.prproj

其具体操作步骤如下。

视频教学：
制作手写文字
视频特效

STEP 1　新建一个名为"手写文字视频特效"的项目文件，将"海浪.mp4"素材导入"项目"面板，然后将其拖曳到"时间轴"面板中。

STEP 2　打开"效果"面板，依次展开"视频效果""变换"栏，将"裁剪"视频效果拖曳至"时间轴"面板中的视频素材上，此时将自动打开"效果控件"面板，在其中的"裁剪"栏中分别单击"顶部"和"底部"参数左侧的"切换动画"按钮 ，添加关键帧，并设置数值均为"50%"，如图5-42所示。

> 🔔 **提示**
>
> 在"时间轴"面板中选择素材后，在"效果"面板中选择并双击需要添加的视频效果，也可为素材快速应用视频效果。

STEP 3　将时间指示器移动到00:00:03:00处，在"裁剪"栏中设置"顶部"和"底部"参数的数值均为"15%"，如图5-43所示。

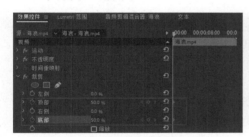

图5-42　设置参数值

图5-43　再次设置参数值

STEP 4　选择"文字工具" ，在"节目"面板中输入文字，在"效果控件"面板中设置字体为"方正字迹-张亮硬笔行书简体"。使用"选择工具" 在"节目"面板中选择文字并拖曳文本框边缘，以适当放大文字，如图5-44所示，然后调整文字素材的时长至与整个视频一致，并嵌套文字素材。

STEP 5　在"效果"面板中将"书写"视频效果拖曳到V2轨道中的嵌套素材上。在"效果控件"面板中展开"书写"栏，单击"颜色"参数右侧的色块，在"拾色器"对话框中设置画笔颜色为"红色"，便于区别画笔颜色与文字颜色，关闭对话框，然后调整画笔大小至刚好能够覆盖文字笔触，再调整画笔位置，如图5-45所示。

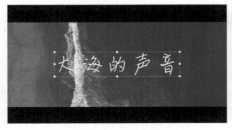

图5-44　放大文字

图5-45　调整参数

STEP 6 调整画笔的位置，使其位于书写文字第1笔的开始处，如图5-46所示。

STEP 7 在"效果控件"面板中单击"书写"栏中"画笔位置"参数左侧的"切换动画"按钮，添加关键帧，按5次键盘方向键中的右键，前进5帧（也可以按住【Shift】键，再按一次键盘方向键中的右键），此时时间指示器将移动到00:00:03:05处，然后在"效果控件"面板中选中"书写"栏，在"节目"面板中拖曳画笔，如图5-47所示。

图5-46 调整画笔位置

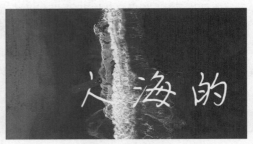
图5-47 拖曳画笔

STEP 8 重复操作，每前进5帧，就根据文字的笔画顺序画一笔，最终将每一个文字都完整覆盖（若文字笔画较多或较少，则可根据实际情况调整笔画间的关键帧数量），如图5-48所示。

> 🔔 **提示**
>
> 在绘制过程中，如果要调整某一帧的笔画位置，则可以通过"效果控件"面板中"画笔位置"栏中的"转到上一关键帧"按钮◀和"转到下一关键帧"按钮▶来转到相应的关键帧进行调整。

STEP 9 在"效果控件"面板中设置画笔间隔（秒）为"0.001"，使手写效果更加流畅。在"效果控件"面板中"书写"栏的"绘制样式"下拉列表中选择"显示原始图像"选项，如图5-49所示，最后按【Ctrl+S】组合键保存文件。

图5-48 画笔覆盖所有字幕

图5-49 设置参数

5.2.2 课堂案例——制作画面定格视频特效

案例说明：画面定格视频特效就是在视频播放过程中画面瞬间停止的效果，使用该特效可以让观众将注意力集中在定格的画面中。现需要为"花丛人物.mp4"视频制作画面定格视频特效，要求在画面定格前视频要产生快速的动态效果，与定格时画面的静止状态产生鲜明对比，并且画面定格时还要有镂空相纸效果，完成后的参考效果如图5-50所示。

高清视频

知识要点：　"镜头光晕""偏移""高斯模糊""径向阴影""渐变""渐变擦除"视频效果。

素材位置：素材\第5章\花丛人物.mp4

效果位置：效果\第5章\画面定格视频特效.prproj

图5-50　画面定格视频特效参考效果

其具体操作步骤如下。

STEP 1　新建一个名为"画面定格视频特效"的项目文件，将"花丛人物.mp4"素材导入"项目"面板，然后将其拖曳到"时间轴"面板中。

STEP 2　打开"效果"面板，依次展开"视频效果""生成"栏，将"镜头光晕"视频效果拖曳至"时间轴"面板中的视频素材上。在"效果控件"面板中设置"镜头光晕"视频效果的中心和亮度参数，如图5-51所示。

STEP 3　打开"效果"面板，依次展开"视频效果""扭曲"栏，将"偏移"视频效果拖曳至"时间轴"面板中的视频素材上。在"效果控件"面板中单击"偏移"栏"将中心移位至"参数左侧的"切换动画"按钮，如图5-52所示。

视频教学：
制作画面定格视
频特效

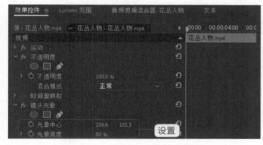

图5-51　设置大小和亮度参数　　　　**图5-52　单击"切换动画"按钮**

STEP 4　将时间指示器移动到00:00:02:00处，在"效果控件"面板中调整"将中心移位至"参数为"9472，1080"，在该面板中选择"偏移"视频效果，按【Ctrl+C】组合键复制，按【Ctrl+V】组合键粘贴。

STEP 5　选择复制的"偏移"视频效果，在当前位置设置"将中心移位至"参数为"2048，1080"，将时间指示器移动到00:00:04:00处，设置"将中心移位至"参数为"2048，8279"，如图5-53所示。

STEP 6　为V1轨道的素材应用"高斯模糊"视频效果，在"效果控件"面板中单击"模糊度"参数左侧的"切换动画"按钮，将时间指示器移动到00:00:07:04处，设置"模糊度"参数为"60"。

STEP 7　选择V1轨道的素材，按住【Alt】键向上移动复制到V2轨道中，然后调整V2轨道的素材的入点为00:00:04:00，调整缩放为"66"，并在"效果控制"面板中删除"高斯模糊"效果。

STEP 8　打开"效果"面板，依次展开"视频效果""过时"栏，将"径向阴影"视频效果拖曳至"时间轴"面板中V2轨道的素材上。在"效果控件"面板中设置"径向阴影"效果的颜色为"白色"、不透明度为100%、光源为"221.0，233.7"、投影距离为"19.1"，选中"调整图层大小"复选框，如图5-54所示。

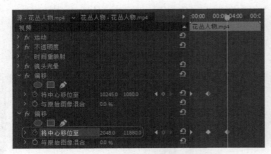

图5-53 设置"偏移"视频效果参数

图5-54 设置"径向阴影"视频效果参数

STEP 9 在V2轨道的素材的入点位置添加"白场过渡"视频过渡效果,并调整该视频过渡效果的持续时间为"00:00:00:15"。

STEP 10 将时间指示器移动到00:00:04:15处,在"节目"面板中输入文字内容,设置字体为"方正正纤黑简体"、大小为"165",并移动文字到图5-55所示的位置。

STEP 11 在"效果"面板中搜索"渐变"视频效果,将其拖曳到文字素材上。在"效果控件"面板中展开"渐变"栏,设置起始颜色为"白色"、结束颜色为"#A48F4E",然后调整渐变起点和终点的位置,使文字产生渐变效果,如图5-56所示。

图5-55 移动文字

图5-56 查看渐变效果

STEP 12 在"效果"面板中搜索"渐变擦除"视频效果,将"渐变擦除"视频效果拖曳到文字素材上。在"效果控件"面板中展开"渐变擦除"栏,单击"过渡完成"参数左侧的"切换动画"按钮,设置"过渡完成"参数为"100%";将时间指示器移动到00:00:05:22处,设置"过渡完成"参数为"0%",如图5-57所示。

STEP 13 在"时间轴"面板中不选择任何素材,使用"垂直文字工具"在"节目"面板中输入文字内容。在"效果控件"面板中设置字体为"方正正纤黑简体"、文字颜色为黑色,并调整文字位置和间距,如图5-58所示。

STEP 14 将所有素材的出点均调整为00:00:07:04,最后按【Ctrl+S】组合键保存文件。

图5-57 设置"渐变擦除"视频效果参数

图5-58 输入文字

5.2.3　课堂案例——制作视频片尾效果

案例说明： 现有一个视频素材和一个图片素材，需要利用这两个素材制作视频片尾效果，要求让字幕从下往上游动，直至消失。制作时，可以为字幕文字添加合适的投影效果，且尽量与背景画面区分开，参考效果如图5-59所示。

高清视频

　　知识要点： "VR分形杂色""边角定位""投影""线性擦除"视频效果。

　　素材位置： 素材\第5章\片尾背景.jpg、建筑.mp4

　　效果位置： 效果\第5章\视频片尾效果.prproj

图5-59　视频片尾参考效果

其具体操作步骤如下。

STEP 1　新建一个名为"视频片尾效果"的项目文件，将需要的素材导入"项目"面板，然后将"片尾背景.jpg"素材拖曳到"时间轴"面板。

STEP 2　新建一个黑色的颜色遮罩，将其拖曳到V2轨道，置于"片尾背景.jpg"素材的上方。

视频教学：
制作视频片尾
效果

STEP 3　在"效果"面板中将"VR分形杂色"视频效果拖曳到V2轨道的素材上，在"效果控件"面板中展开"VR分形杂色"栏，设置对比度、亮度和缩放参数，如图5-60所示。然后单击"演化"参数左侧的"切换动画"按钮，将时间指示器移动到00:00:04:24处，设置该参数为"359"。

STEP 4　在"效果控件"面板中展开颜色遮罩的"不透明度"栏，设置混合模式为"叠加"，此时"节目"面板中已经有云雾出现，效果如图5-61所示。

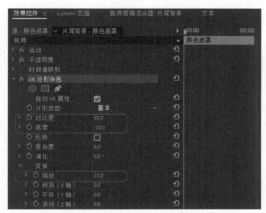

图5-60　设置"VR分形杂色"视频效果参数

图5-61　查看效果

STEP 5 将V1轨道和V2轨道上的素材嵌套，设置嵌套序列名称为"背景"。将"建筑.mp4"素材拖曳到V2轨道，然后设置该素材的速度为"200%"、缩放为"50"。

STEP 6 在"效果"面板中将"边角定位"视频效果拖曳到V2轨道的素材上，在"效果控件"面板中展开"边角定位"栏，设置"右上"和"右下"参数，并设置视频的"位置"参数，如图5-62所示。

STEP 7 在"效果"面板中将"投影"视频效果拖曳到V2轨道的素材上，在"效果控件"面板中展开"投影"栏，并选择画面中的颜色（#14306D）作为阴影颜色，使画面色彩统一，然后设置其他参数，如图5-63所示。

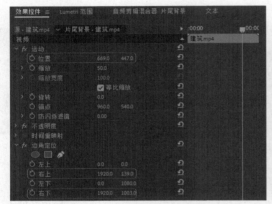

图5-62 设置"边角定位"视频效果参数和视频位置参数　　　图5-63 设置"投影"视频效果参数

STEP 8 选择V2轨道的素材，按住【Alt】键向上移动复制到V3轨道，然后为V3轨道的素材添加"垂直翻转"视频效果，并调整该素材的位置和旋转角度，效果如图5-64所示。

STEP 9 为V3轨道的素材添加"线性擦除"视频效果，然后在"效果控件"面板中设置"线性擦除"栏中的过渡完成为"70%"、擦除角度为"2"、羽化为"618"，效果如图5-65所示。

图5-64 查看投影效果　　　　　　　　　　图5-65 查看线性擦除效果

STEP 10 在"节目"面板中输入文字，设置文字字体为"方正正中黑简体"、大小为"55"、行距为"82"，如图5-66所示。

STEP 11 为文字添加"投影"视频效果，在"效果控件"面板中设置"投影"栏中的"距离"参数为"3"，文字效果如图5-67所示。

STEP 12 选择V4轨道的文字素材，在"效果控件"面板中创建一个"位置"关键帧，然后将文字从底部移出画面；将时间指示器移动到00:00:04:19处，将文字从顶部移出画面。最后按【Ctrl+S】组合键保存文件。

图5-66　设置文字格式　　　　　　　　图5-67　查看文字投影效果

5.2.4　常见的视频效果详解

Premiere Pro 2022提供了上百种视频效果，这些视频效果分布在"效果"面板的"视频效果"文件夹中，其中共有19个子文件夹，如图5-68所示。由于视频效果较多，且篇幅有限，因此本小节只对"视频效果"文件夹中部分常见的特效类效果进行介绍。

1. "变换"效果组

"变换"效果组中的各种视频效果可以用于实现素材的翻转、羽化、裁剪等操作。该效果组中包括5种视频效果，如图5-69所示。

图5-68　"视频效果"文件夹　　　图5-69　"变换"效果组

- "垂直翻转"视频效果："垂直翻转"视频效果可将素材上下翻转。图5-70所示为应用该视频效果前后的对比效果。
- "水平翻转"视频效果："水平翻转"视频效果可将素材左右翻转。图5-71所示为应用该视频效果前后的对比效果。
- "羽化边缘"视频效果："羽化边缘"视频效果可以虚化素材的边缘。
- "自动重构"视频效果："自动重构"视频效果可以自动调整素材的比例，例如可将横屏视频自动转换为竖屏视频，而无须手动调整，从而节约工作时间（选择【序列】/【自动重构序列】命令后可为素材自动添加该视频效果）。

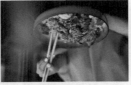 

图5-70　应用"垂直翻转"视频效果前后的对比效果　　图5-71　应用"水平翻转"视频效果前后的对比效果

- "裁剪"视频效果："裁剪"视频效果能对素材的上、下、左、右进行裁剪。应用该视频效果后，在"效果控件"面板中的"裁剪"栏中可设置素材左侧、顶部、右侧和底部的裁剪范围，以及图像边缘的虚化程度。

2. "扭曲"效果组

"扭曲"效果组主要通过对图像进行几何扭曲变形来制作出各种画面变形效果。该效果组中包括12种视频效果，如图5-72所示，常用的主要有以下10种。

- "偏移"视频效果："偏移"视频效果可以根据设置的偏移量使画面进行位移，应用该视频效果前后的对比效果如图5-73所示。
- "变形稳定器"视频效果："变形稳定器"视频效果会自动分析需要稳定的视频素材，并对其进行稳定化处理，让视频画面看起来更加平稳。

图5-72　"扭曲"效果组

- "变换"视频效果："变换"视频效果主要用于综合设置素材的位置、尺寸、不透明度及倾斜度等参数。
- "放大"视频效果："放大"视频效果可以将素材的一部分放大，还可以调整放大区域的不透明度，羽化放大区域边缘。应用该视频效果前后的对比效果如图5-74所示。

图5-73　应用"偏移"视频效果前后的对比效果　　图5-74　应用"放大"视频效果前后的对比效果

- "旋转扭曲"视频效果："旋转扭曲"视频效果可以使素材产生沿中心轴旋转的效果。应用该视频效果前后的对比效果如图5-75所示。
- "波形变形"视频效果："波形变形"视频效果能产生类似波纹的效果，在"效果控件"面板中可以设置波纹的形状、方向及宽度等参数。应用该视频效果前后的对比效果如图5-76所示。

 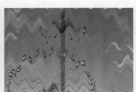

图5-75　应用"旋转扭曲"视频效果前后的对比效果　　图5-76　应用"波形变形"视频效果前后的对比效果

- "湍流置换"视频效果："湍流置换"视频效果可以使素材产生类似波纹、信号和旗帜飘动等的扭曲效果。应用该视频效果前后的对比效果如图5-77所示。
- "球面化"视频效果："球面化"视频效果可以使平面画面产生球面效果，在"效果控件"面板的

"球面化"栏中设置"半径"参数可以改变球面的半径，设置"球面中心"参数可以调整产生球面效果的中心位置。应用该视频效果前后的对比效果如图5-78所示。

图5-77　应用"湍流置换"视频效果前后的对比效果　　　**图5-78　应用"球面化"视频效果前后的对比效果**

● "边角定位"视频效果："边角定位"视频效果用于改变素材4个边角的坐标，使画面变形。应用该视频效果前后的对比效果如图5-79所示。

● "镜像"视频效果："镜像"视频效果能将素材分割为两部分，通过在"效果控件"面板中调整"反射角度"参数可以制作出镜像效果。应用该视频效果前后的对比效果如图5-80所示。

图5-79　应用"边角定位"视频效果前后的对比效果　　　**图5-80　应用"镜像"视频效果前后的对比效果**

3. "杂色与颗粒"效果组

"杂色与颗粒"效果组中只有"杂色"视频效果，该视频效果可以用于制作类似噪点的效果。

4. "模糊与锐化"效果组

"模糊与锐化"效果组能用于对画面进行锐化和模糊处理，还可以制作出动画效果。该效果组中包括6种视频效果，如图5-81所示。

图5-81　"模糊与锐化"效果组

● "Camera Blur"视频效果（"摄像机模糊"视频效果）："Camera Blur"视频效果能模拟出摄像机在拍摄时没有对准焦距所产生的模糊效果。应用该视频效果前后的对比效果如图5-82所示。

● "减少交错闪烁"视频效果："减少交错闪烁"视频效果主要用于减少交错闪烁使画面产生模糊效果。

● "方向模糊"视频效果："方向模糊"视频效果可以在画面中添加具有方向性的模糊，使画面产生一种动态模糊效果。应用该视频效果前后的对比效果如图5-83所示（以垂直方向为例）。

图5-82　应用"Camera Blur"视频效果前后的对比效果　　　**图5-83　应用"方向模糊"视频效果前后的对比效果**

● "钝化蒙版"视频效果："钝化蒙版"视频效果通过增加图像边缘色彩之间的对比度来提高图像锐度，这样可以使图像更清晰。应用该视频效果前后的对比效果如图5-84所示。

● "锐化"视频效果："锐化"视频效果通过增加相邻像素间的对比度来增加画面的清晰度。

- "高斯模糊"视频效果："高斯模糊"视频效果可以大幅度地、均匀地模糊图像并消除杂色，使其产生虚化效果。应用该视频效果前后的对比效果如图5-85所示。

图5-84 应用"钝化蒙版"视频效果前后的对比效果　　图5-85 应用"高斯模糊"视频效果前后的对比效果

5. "沉浸式视频"效果组

"沉浸式视频"效果组可以打造出虚拟现实的奇幻效果，常用于VR/360视频中。该效果组中包括11种视频效果，如图5-86所示，常用的主要有以下两种。

- "VR分形杂色"视频效果："VR分形杂色"视频效果可以为素材添加不同类型和布局的分形杂色，常用来制作云、烟、雾等特效。应用该视频效果前后的对比效果如图5-87所示。

- "VR发光"视频效果："VR发光"视频效果可以为素材添加发光效果。应用该视频效果前后的对比效果如图5-88所示。

图5-86 "沉浸式视频"效果组

图5-87 应用"VR分形杂色"视频效果前后的对比效果　　图5-88 应用"VR发光"视频效果前后的对比效果

6. "生成"效果组

"生成"效果组主要用于生成一些特殊效果。该效果组包括4种视频效果，如图5-89所示。

- "四色渐变"视频效果："四色渐变"视频效果可以在素材上创建具有4种颜色的渐变效果。应用该视频效果前后的对比效果如图5-90所示。

图5-89 "生成"效果组

- "渐变"视频效果："渐变"视频效果可以在素材中创建线性渐变和径向渐变两种渐变效果。应用该视频效果(以线性渐变为例)前后的对比效果如图5-91所示。

图5-90 应用"四色渐变"视频效果前后的对比效果 　　图5-91 应用"渐变"视频效果前后的对比效果

- "镜头光晕"视频效果："镜头光晕"视频效果可以模拟强光线(通常是风景摄影中的太阳光)进入镜头时散射到整个镜头上所产生的折射效果，可以使画面看上去更加唯美。应用该视频效果前后的对比效果如图5-92所示。

- "闪电"视频效果："闪电"视频效果可以在画面中生成闪电的动态效果。应用该视频效果前后的对比效果如图5-93所示。

图5-92　应用"镜头光晕"视频效果前后的对比效果　　　　图5-93　应用"闪电"视频效果前后的对比效果

7.　"过时"效果组

"过时"效果组中包括Premiere早期版本的视频效果，主要是为了与早期版本创建的项目兼容。该效果组包括51种视频效果，如图5-94所示，常用的主要有以下14种。

图5-94　"过时"效果组

- "书写"视频效果："书写"视频效果结合关键帧可以创建出笔触动画，还能调整笔触轨迹，创建出需要的效果。应用该视频效果前后的对比效果如图5-95所示。
- "吸管填充"视频效果："吸管填充"视频效果通过从素材中选取一种颜色来填充画面。应用该视频效果前后的对比效果如图5-96所示。

图5-95　应用"书写"视频效果前后的对比效果　　　　图5-96　应用"吸管填充"视频效果前后的对比效果

- "复合模糊"视频效果："复合模糊"视频效果可以使用另一个图层（默认是本图层）的亮度来模糊当前图层中的像素。应用该视频效果前后的对比效果如图5-97所示。
- "复合运算"视频效果："复合运算"视频效果能将两个重叠的素材的颜色相互混合。应用该视频效果前后的对比效果如图5-98所示。

图5-97　应用"复合模糊"视频效果前后的对比效果　　　　图5-98　应用"复合运算"视频效果前后的对比效果

- "径向擦除"视频效果:"径向擦除"视频效果可以在指定的位置沿顺时针或逆时针方向擦除素材,以显示下一个画面。应用该视频效果前后的对比效果如图5-99所示。
- "径向阴影"视频效果:"径向阴影"视频效果可以为素材四周创建阴影,常用于制作边框、描边效果。应用该视频效果前后的对比效果如图5-100所示。

图5-99　应用"径向擦除"视频效果前后的对比效果　　　图5-100　应用"径向阴影"视频效果前后的对比效果

- "斜面Alpha"视频效果:"斜面Alpha"视频效果能为素材创建具有倒角的边,使素材中的Alpha通道变亮,从而使其产生三维效果。应用该视频效果前后的对比效果如图5-101所示。
- "棋盘"视频效果:"棋盘"视频效果可以用于在画面中创建一个黑白的棋盘背景。应用该视频效果前后的对比效果如图5-102所示。

图5-101　应用"斜面Alpha"视频效果前后的对比效果　　　图5-102　应用"棋盘"视频效果前后的对比效果

- "油漆桶"视频效果:"油漆桶"视频效果可以为画面中的某个区域着色或应用纯色。应用该视频效果前后的对比效果如图5-103所示。
- "混合"视频效果:"混合"视频效果能通过不同的模式混合视频轨道中的素材,从而使画面产生变化。应用该视频效果前后的对比效果如图5-104所示。

图5-103　应用"油漆桶"视频效果前后的对比效果　　　图5-104　应用"混合"视频效果前后的对比效果

- "百叶窗"视频效果:"百叶窗"视频效果可以以条纹的形式切换素材。应用该视频效果前后的对比效果如图5-105所示。
- "纯色合成"视频效果:"纯色合成"视频效果能够基于所选的混合模式将纯色覆盖在素材上。应用该视频效果前后的对比效果如图5-106所示。

图5-105　应用"百叶窗"视频效果前后的对比效果　　　图5-106　应用"纯色合成"视频效果前后的对比效果

- "纹理"视频效果:"纹理"视频效果能使不同视频轨道上的素材的纹理在指定的素材上显示。图5-107所示为将金色的纹理应用到素材中的前后对比效果。
- "网格"视频效果:"网格"视频效果能在素材中创建网格,并将网格作为蒙版来使用。应用该视频效果前后的对比效果如图5-108所示。

图5-107 应用"纹理"视频效果前后的对比效果

图5-108 应用"网格"视频效果前后的对比效果

8. "过渡"效果组

"过渡"效果组中的视频效果与"视频过渡"效果组中的视频过渡效果在画面表现上类似,都用于设置两个素材之间的过渡切换方式。但前者是在自身素材上进行过渡,需使用关键帧才能完成过渡操作,而后者是在前后两个素材间进行过渡。"过渡"效果组中主要包括3种视频效果,如图5-109所示。

图5-109 "过渡"效果组

- "块溶解"视频效果:"块溶解"视频效果可以通过随机产生的像素块溶解画面。
- "渐变擦除"视频效果:"渐变擦除"视频效果可以通过指定层(渐变效果层)与原图层(渐变效果层下方的图层)之间的亮度值来进行过渡。应用该视频效果前后的对比效果如图5-110所示。
- "线性擦除"视频效果:"线性擦除"视频效果能按照指定的方向逐渐擦除素材。应用该视频效果前后的对比效果如图5-111所示。

图5-110 应用"渐变擦除"视频效果前后的对比效果

图5-111 应用"线性擦除"视频效果前后的对比效果

9. "透视"效果组

"透视"效果组主要用于制作三维透视效果,可使素材产生立体效果,使其具有空间感。该效果组主要包括"基本3D"和"投影"两种视频效果,如图5-112所示。

图5-112 "透视"效果组

- "基本3D"视频效果:"基本3D"视频效果可以旋转和倾斜素材,模拟素材在三维空间中的效果。应用该视频效果前后的对比效果如图5-113所示。
- "投影"视频效果:"投影"视频效果可以为带Alpha通道的素材添加投影,从而增加素材的立体感。应用该视频效果前后的对比效果如图5-114所示。

图5-113 应用"基本3D"视频效果前后的对比效果

图5-114 应用"投影"视频效果前后的对比效果

10. "风格化"效果组

"风格化"效果组主要用于对素材进行美术处理，使素材效果更加美观、丰富。该效果组包括9种视频效果，如图5-115所示。

图5-115 "风格化"效果组

- "Alpha发光"视频效果："Alpha发光"视频效果能在带Alpha通道的素材边缘添加辉光效果。应用该视频效果前后的对比效果如图5-116所示。

- "Replicate"视频效果（"复制"视频效果）："Replicate"视频效果可以复制出指定数目的素材，常用于制作画面分屏效果。应用该视频效果前后的对比效果如图5-117所示。

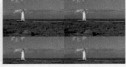

图5-116 应用"Alpha发光"视频效果前后的对比效果　　图5-117 应用"Replicate"视频效果前后的对比效果

- "彩色浮雕"视频效果："彩色浮雕"视频效果能锐化素材的轮廓，使素材产生彩色的浮雕效果。应用该视频效果前后的对比效果如图5-118所示。

- "查找边缘"视频效果："查找边缘"视频效果能强化素材中物体的边缘，使素材产生类似于底片或铅笔素描的效果。应用该视频效果前后的对比效果如图5-119所示。

图5-118 应用"彩色浮雕"视频效果前后的对比效果　　图5-119 应用"查找边缘"视频效果前后的对比效果

- "画笔描边"视频效果："画笔描边"视频效果能模拟用美术画笔绘画的效果。应用该视频效果前后的对比效果如图5-120所示。

- "粗糙边缘"视频效果："粗糙边缘"视频效果能使素材的Alpha通道边缘粗糙化。应用该视频效果前后的对比效果如图5-121所示。

图5-120 应用"画笔描边"视频效果前后的对比效果　　图5-121 应用"粗糙边缘"视频效果前后的对比效果

- "色调分离"视频效果："色调分离"视频效果可以分离素材的色调，从而制作出特殊效果。应用该视频效果前后的对比效果如图5-122所示。

- "闪光灯"视频效果："闪光灯"视频效果能以一定的周期或随机地创建闪光灯效果，可用来模拟拍摄瞬间的强烈闪光特效。

● "马赛克"视频效果："马赛克"视频效果能在素材中添加马赛克,以遮盖素材。应用该视频效果前后的对比效果如图5-123所示。

图5-122　应用"色调分离"视频效果前后的对比效果　　　图5-123　应用"马赛克"视频效果前后的对比效果

资源链接

　　可以在"效果控件"面板中调整视频效果的参数,从而使效果丰富多样。扫描右侧的二维码,可了解前面所讲解的视频效果的相关参数。

扫码看详情

5.2.5　复制、粘贴和删除视频效果

　　在"效果"面板中选择需要添加的视频效果,然后将其拖曳到"时间轴"面板中需要应用的素材上,即可添加该视频效果。另外,还可以在"效果控件"面板中有序地对这些视频效果进行复制、粘贴和删除等操作。

　　1. 复制、粘贴视频效果

　　在Premiere中可以为不同的素材添加相同的视频效果。由于依次为每个素材添加相同的视频效果会增加很多工作量,因此可以将一个素材中的视频效果粘贴到其他素材中,以提高工作效率。

　　其操作方法:在"效果控件"面板中选择需要复制的视频效果(如果要复制多个视频效果,则可选择其中一个后,按住【Ctrl】键,再选择其他视频效果),按【Ctrl+C】组合键或选择【编辑】/【复制】命令复制视频效果,然后在"时间轴"面板中选择需要应用相同视频效果的素材,按【Ctrl+V】组合键或选择【编辑】/【粘贴】命令粘贴视频效果。

　　2. 删除视频效果

　　如果添加的视频效果无法达到预期的效果,则可先在"效果控件"面板中选择该视频效果,然后单击鼠标右键,在弹出的下拉列表框中选择"清除"命令,也可以按【Delete】键或【Backspace】键直接删除。

　　除此之外,还可以在"时间轴"面板中选择需要删除视频效果的素材,然后单击鼠标右键,在弹出的下拉列表框中选择"删除属性"命令,打开"删除属性"对话框,如图5-124所示,在该对话框中的"效果"栏中取消选中需要删除的视频效果,然后单击 **确定** 按钮。

图5-124　"删除属性"对话框

疑难解答

应用和调整视频效果后，如何在不删除视频效果的基础上隐藏该视频效果？

可通过禁用视频效果来达到该目的，其操作方法：在"效果控件"面板中单击视频效果左侧的"切换效果开关"按钮■，该按钮将会变为禁用状态，此时将禁用该视频效果；再次单击处于禁用状态的"切换效果开关"按钮■，将会重新启用该视频效果，且视频效果的各参数保持不变，与被禁用前的参数设置相同。

5.2.6 使用调整图层控制视频效果

调整图层是一种特殊的图层，它可以将视频效果应用于素材，且不会改变素材的像素，因此，不会对素材本身造成实质性的破坏。当要将一种视频效果应用于多个不同的视频时，除了可复制与粘贴视频效果外，还可通过调整图层来控制视频效果。调整图层在视频后期调色时较为常用，可以用来统一画面色彩，确定视频风格。

其操作方法：在"项目"面板中单击"新建项"按钮■，在打开的下拉菜单中选择"调整图层"命令，打开"调整图层"对话框后单击 确定 按钮（默认调整图层的大小与当前序列的大小保持一致），如图5-125所示；然后在"项目"面板中将调整图层拖曳到"时间轴"面板中需要添加视频效果的素材上方，再将视频效果应用到调整图层中。之后可通过在"效果控件"面板中修改参数来控制调整图层下方的素材的效果；或者通过更改调整图层的持续时间来控制视频效果对素材的影响时间，如图5-126所示；或者通过在调整图层上绘制蒙版来控制视频效果对素材的影响范围等。

图5-125　"调整图层"对话框

图5-126　更改调整图层的持续时间

技能提升

预设是指预先设置好的效果。为了节省剪辑视频时重复添加相同视频效果的时间，提高工作效率，Premiere支持用户根据实际需要对视频效果的参数进行自定义预设。

请扫描右侧的二维码，了解更多Premiere中预设的相关知识，然后创建一个标题文字由小变大、由模糊变清晰的预设，并将其运用到自己制作的视频中。

预设的
相关知识

⬐ 设计素养

在实际工作中，视频剪辑人员除了使用 Premiere 自带的视频效果外，还经常使用一些外部视频效果插件，这样不仅可以有效提高视频剪辑效率，还可以在视频中展现更加精美和个性化的视频效果。因此，视频剪辑人员可以在工作中多积累、收集一些 Premiere 视频效果插件，以提升视频剪辑能力。

5.3 课堂实训

5.3.1 制作"旅游指南"视频片头

1. 实训背景

旅游旺季即将来临，某旅行网站打算在网站中发布一个"旅行指南"视频，以吸引目标用户点击，增加网站的曝光量和浏览量。现需要在Premiere中制作一个时长为10秒的视频片头，要求整个视频的风格明确，且画面效果丰富、主题突出。

2. 实训思路

（1）制作整体画面。分析素材后，可发现这些素材大多是一些风景图片，且有的风景图片展现的是同一个建筑物的不同角度，画面风格比较相似。为了体现出视频内容的丰富性，可考虑将一些画面风格不相似的风景图片拼接在一起，然后通过"Replicate"视频效果复制出多张风景图片，同时还可以利用"偏移"视频效果增强画面动感，如图5-127所示。

图 5-127　应用"偏移"视频效果的效果

（2）制作单个画面。由于前面的素材被分割成了多个，画面较为零散，且动感较强，因此接下来可以让视频节奏平缓一些，让用户将视线渐渐集中在这些风景图片中。可考虑使用"放大"视频效果慢慢放大整体画面，然后通过不同的视频效果，使用不同的方式依次展示单张风景图片，例如为风景图片添加描边、渐变等效果，增强单张风景图片的表现力。

（3）展现视频主题。由于前面展现的都是风景图片，不能很好地体现视频主题，因此在视频的最后可将提供的视频素材作为背景，并考虑添加文字内容突显视频主题，然后利用提供的装饰素材丰富画面，再为视频主题制作自然、柔和的出场效果，使视频主题的展现效果与前面的风景图片的展现效果有所区别。这样更容易让用户集中注意力观看文字内容，从而了解视频主题。

本实训的参考效果如图5-128所示。

高清视频

图5-128 "旅游指南"视频片头参考效果

素材位置：素材\第5章\片头素材\

效果位置：效果\第5章\"旅游指南"视频片头.prproj

3. **步骤提示**

（1）制作视频效果

STEP 1 新建一个名为"'旅游指南'视频片头"的项目文件，并将所需素材全部导入"项目"面板。

视频教学：
制作"旅游指南"
视频片头

STEP 2 将"1.jpg"素材拖曳到"时间轴"面板中，然后为其添加"Replicate"视频效果；将"2.jpg"素材拖曳到V2轨道，并调整素材的位置和缩放参数，然后为该素材添加"裁剪"视频效果，在"效果控件"面板中调整"裁剪"栏中的参数，使"2.jpg"素材画面与右上角的"1.jpg"素材画面重合。

STEP 3 将"3.jpg"素材拖曳到V3轨道，将"4.jpg"素材拖曳到V4轨道，然后使用与步骤2相同的方法使"3.jpg"素材画面与左下角的"1.jpg"素材画面重合，使"4.jpg"素材画面与右下角的"1.jpg"素材画面重合。

STEP 4 将V1轨道~V4轨道中的素材嵌套，设置嵌套序列名称为"图片组1"。为该嵌套序列依次添加"Replicate""偏移""放大"视频效果，并在"效果控件"面板中设置相应的视频效果参数。

STEP 5 在"时间轴"面板中选择嵌套素材，单击鼠标右键，在弹出的下拉列表框中选择"添加帧定格"命令，此时，V1轨道中的素材将被分割为两部分，调整第2部分素材的出点为00:00:10:00，然后为该素材添加"高斯模糊"视频效果，并在"效果控件"面板中设置相应参数。

STEP 6 将"5.jpg"素材拖曳到"时间轴"面板中V2轨道的时间指示器位置，调整该素材的缩放和旋转参数，为该素材添加"径向阴影"视频效果，并通过调整相应参数制作白色边框。

STEP 7 在"5.jpg"素材的入点处添加"急摇"视频过渡效果，并设置视频过渡效果的持续时间为

"00:00:00:10"，然后通过设置"5.jpg"素材的"位置"关键帧制作出素材向下移出的位移动画。

STEP 8 将"6.jpg"素材拖曳到"时间轴"面板中V4轨道的时间指示器位置，调整缩放为"130"；为该素材添加"四色渐变""变换"视频效果，并在"效果控件"面板中设置相应参数。

STEP 9 调整"6.jpg"素材的出点为00:00:05:20，将"7.jpg"素材拖曳到"时间轴"面板中V4轨道的前一个素材后面，并调整该素材的缩放为"130"。

STEP 10 复制"6.jpg"素材的视频效果，粘贴到"7.jpg"素材中。选择"7.jpg"素材，在"效果控件"面板中设置"变换"栏中缩放的第一个关键帧参数为"50"。激活"四色渐变"视频效果中的"不透明度"关键帧，将时间指示器移动到00:00:07:00处，设置该参数为"0"。

STEP 11 为"7.jpg"素材添加"渐变擦除"视频效果，通过设置"过渡完成"关键帧制作素材过渡效果。

STEP 12 将"视频.mp4"素材拖曳到"时间轴"面板中V3轨道的时间指示器位置，删除视频中的原始音频，然后设置该素材的缩放为"24"、速度为"200"。

STEP 13 为"视频.mp4"素材添加"渐变擦除"视频效果，在"效果控件"面板中通过设置"过渡完成"关键帧制作视频过渡效果。

（2）添加装饰和文字

STEP 1 将时间指示器移动到00:00:08:00处，输入第一排文字，设置字体为"方正兰亭大黑简体"、文字颜色为"#FFF155"，在"效果控件"面板中选中"文本"栏下方的"阴影"复选框。

视频教学：
添加装饰和文字

STEP 2 在文字下方绘制一个白色线条，然后在线条下方继续输入第2排文字，设置文字字体为"方正兰亭刊黑"，并调整字距和文字大小。

STEP 3 新建一个V6轨道，将"纸飞机.png"素材拖曳到该轨道的时间指示器位置，为该素材应用"垂直翻转"视频效果，然后调整"缩放""旋转"和"位置"参数，并激活"位置"和"旋转"关键帧。

STEP 4 将时间指示器移动到00:00:08:20处，设置"纸飞机.png"素材的"位置""旋转"参数；将时间指示器移动到00:00:09:05处，再次调整"纸飞机.png"素材的"位置""旋转"参数。

STEP 5 将时间指示器移动到00:00:08:00处，为V5轨道的文字素材应用"线性擦除"视频效果，在"效果控件"面板中设置相应参数，调整所有素材的出点均为00:00:10:00，最后按【Ctrl+S】组合键保存文件。

5.3.2 制作火锅店宣传广告

1. 实训背景

"食林记"是一家专注于火锅、烧烤等香辣美食制作和经营的火锅店。近期，该店铺计划在"麻辣火锅季"活动期间制作一个宣传广告，用于在短视频平台中宣传和推广店铺的火锅产品。现已制作好了宣传广告的静态效果，需要在Premiere中将其制作成一个动态宣传广告，使其更有表现力和视觉冲击力，要求时长为10秒左右，便于用户利用休闲时间快速观看。

2. 实训思路

（1）制作第1页。第1页影响着用户对视频的第一印象，因此需要将火锅店的主要产品——火锅展现在画面的中心位置。由于版面有限，因此制作时可考虑使用"裁剪"视频效果对火锅视频素材进行适当裁剪，只重点展现火锅中的食物画面；然后可根据商家提供的资料，在画面中依次展现店铺名称、活动名称等内容，制作时可考虑为文字添加阴影、发光等效果，以增强文字吸引力。观察素材，发现第1页下方有一个"点击了解"按钮，可考虑制作一个点击效果以过渡到第2页。

高清视频

（2）制作第2页和第3页。为了保持页面风格的统一，可考虑将第1页中的店铺名称、活动名称等相关内容复制到第2页和第3页中，然后通过关键帧为第2页中的其他元素制作动态效果。在第3页中添加提供的菜品视频素材，以丰富画面，增强画面动感。

本实训的参考效果如图5-129所示。

图5-129　火锅店宣传广告参考效果

素材位置： 素材\第5章\火锅店素材\

效果位置： 效果\第5章\火锅店宣传广告.prproj

3. 步骤提示

本实训的操作步骤主要可分为以下4方面。

（1）制作第1页

STEP 1 新建一个名为"火锅店宣传广告"的项目文件，并将"素材1.psd"～"素材3.psd"素材导入"项目"面板，导入方式为"序列"，然后打开"素材1"序列。

视频教学：
制作第1页

STEP 2 在"时间轴"面板中选择V2轨道中的素材，激活"位置"关键帧，然后将素材向左移出画面。使用相同的方法将V3轨道中的素材向右移出画面。将时间指示器移动到00:00:00:10处，然后恢复V2轨道和V3轨道中素材默认的"位置"参数值。

STEP 3 将V2轨道和V3轨道中的素材嵌套，嵌套名称为"窗帘"，然后将V4轨道的素材拖曳到V3轨道。将"火锅.mp4"视频素材导入"项目"面板，然后将其拖曳到V4轨道，去除原始音频后设置视频速度为"300%"、缩放为"60"。

STEP 4 为V4轨道的视频素材添加"裁剪"视频效果，在"效果控件"面板中调整"裁剪"视频效果的参数和视频的"位置"参数；为V7轨道的素材依次添加"投影"和"方向模糊"视频效果，在"效果控件"面板中调整相关参数，并通过"视频"栏的"不透明度"关键帧和"方向模糊"栏的"模糊长度"关键帧制作动画效果。

STEP 5 将V6轨道和V7轨道中的素材嵌套，设置嵌套序列名称为"店名"，然后将V8轨道和V9轨道的素材向下移动。

STEP 6 将时间指示器移动到视频的开始位置，输入文字"麻"，设置文字字体为"方正字迹-仝斌飘逸体 简"和大小为"70"，移动文字到画面左侧的第1个圆盘内。

STEP 7 复制4个文字并修改文字内容和移动文字。调整V9轨道的素材的入点为00:00:00:18，并为V9轨道的素材添加"Alpha发光"视频效果，在"效果控件"面板中调整相关参数。

STEP 8 将V8轨道和V9轨道中的素材嵌套，设置嵌套序列名称为"顶部文字"。将"箭头.png"素材导入"项目"面板，然后将其拖曳到V9轨道，调整素材的"缩放"和"位置"参数。

STEP 9 使V7轨道的素材的锚点位于素材中心处。通过设置V9轨道的素材的"位置"关键帧和V7轨道的素材的"缩放"关键帧，制作鼠标指针移动到"点击了解"按钮上，该按钮开始跳动的视觉效果。

STEP 10 将V6轨道和V8轨道中的素材嵌套，设置嵌套序列名称为"统一素材"，然后将V9轨道的素材向下移动一个轨道，再调整所有素材的出点均为00:00:02:10。

（2）制作第2页

STEP 1 打开"素材2"序列，为V4轨道和V5轨道中的窗帘素材制作与"（1）制作第1页"中步骤2相同的位移效果，并将V4轨道和V5轨道的素材嵌套，嵌套名称为"窗帘"；然后将V8～V12轨道中的素材嵌套，设置嵌套序列名称为"卖点"。将V13轨道的素材移动到V5轨道，将"统一素材"嵌套序列拖曳到V9轨道。

视频教学：
制作第2页

STEP 2 为V6轨道的素材添加"径向阴影""投影"和"锐化"视频效果，并在"效果控件"面板中调整相应参数。

STEP 3 复制"径向阴影""投影""锐化"视频效果，粘贴到V7轨道的素材中，并调整V7轨道的素材的"径向阴影"视频效果的"光源"参数；仅复制V7轨道中的"投影"视频效果，然后将其粘贴到V2轨道和V3轨道的素材中。

STEP 4 将V6轨道和V7轨道的素材嵌套，设置嵌套序列名称为"图片"。为"图片"嵌套序列创建一个羽化为"100"。可覆盖两张图片的矩形蒙版，并通过"蒙版路径"关键帧制作蒙版从左往右移动的动画。

STEP 5 通过"缩放"关键帧制作出V2轨道和V3轨道的素材从小到大缩放的动画（注意缩放时将锚点移动到素材中心）。

STEP 6 打开"卖点"嵌套序列，移动所有轨道中的素材。为V3轨道的素材添加"块溶解"视频效果，在"效果控件"面板中设置相应参数。复制"块溶解"视频效果，粘贴到其他4个轨道中，然后在"效果控件"面板中依次修改这4个轨道中关键帧的位置，制作出前一个素材过渡结束、后一个素材开始过渡的视觉效果。

STEP 7 返回"素材2"序列，然后调整所有素材的出点均为00:00:04:02，删除多余的空白视频轨道。

（3）制作第3页

STEP 1 打开"素材3"序列，为V5轨道和V6轨道中的窗帘素材制作与"（1）制作第1页"中步骤2相同的位移效果，并将V5轨道和V6轨道的素材嵌套；将V2~V4轨道中的素材嵌套，设置嵌套序列名称为"菜品"。

视频教学：
制作第3页

STEP 2 将V7轨道的素材移动到V6轨道，将V5轨道和V6轨道的素材分别移动到V3轨道和V4轨道。

STEP 3 将"统一素材"嵌套序列拖曳到V5轨道，调整该序列的位置和大小，使其不遮挡下方的素材。打开"菜品"嵌套序列，将其中的所有素材向下移动一个轨道，然后将"毛肚.mp4""虾滑.mp4""肥牛.mp4"视频素材导入"项目"面板。

STEP 4 新建两个视频轨道，将"毛肚.mp4"素材拖曳到V4轨道，删除原始音频，调整"缩放"和"位置"参数，并在00:00:03:08位置剪切视频素材，然后删除剪切后的后半段视频。为"毛肚.mp4"素材应用"裁剪"视频效果，并在"效果控件"面板中调整相关参数。

STEP 5 将"肥牛.mp4"素材拖曳到V5轨道，删除原始音频，调整"缩放""位置"参数。为该素材应用"裁剪"视频效果，并在"效果控件"面板中调整相关参数。

STEP 6 将"虾滑.mp4"素材拖曳到V6轨道，删除原始音频，在00:00:06:02和00:00:10:16位置分别剪切视频，然后删除剪切后的前半段和后半段视频，保留中间段视频；将保留的视频移动到视频的开始位置，再调整该视频的大小和位置。为"虾滑.mp4"素材应用"裁剪"视频效果，并在"效果控件"面板中调整相关参数。

STEP 7 调整所有素材的出点均为00:00:03:03，返回"素材3"序列。将时间指示器移动到视频的开始位置，通过设置V2轨道素材的"位置"关键帧，制作出素材从下往上出现的视觉效果。

视频教学：
制作总序列

（4）制作总序列

STEP 1 新建一个大小为"640×1008"、像素长宽比为"方形像素（1.0）"、名称为"总序列"的序列文件。

STEP 2 将"素材1""素材2""素材3"序列依次拖曳到"总序列"文件的V1轨道中，其中"素材3"序列的入点为00:00:06:08、出点为00:00:09:02，最后按【Ctrl+S】组合键保存文件。

5.4 课后练习

练习 1 制作 Vlog 片头

某博主刚从重庆旅游回来，准备将去重庆游玩的视频制作成一个Vlog视频片头，并发布到个人社交平台上。要求画面效果具有电影感，文字出现时呈现动态效果，参考效果如图5-130所示。

高清视频

素材位置：素材\第5章\重庆夜景.mp4

效果位置：效果\第5章\Vlog片头.prproj

图5-130　Vlog片头参考效果

练习 2 制作茶叶上新广告

某茶叶商家准备上新一款茶叶，需要制作一个茶叶上新广告。现已制作好了静态效果，需要在Premiere中利用视频效果和关键帧制作出动态效果，如飘落的树叶、扭动的枝条、飘散的云雾等，使静态的广告更加丰富、美观，参考效果如图5-131所示。

高清视频

素材位置：素材\第5章\茶叶广告素材.psd

效果位置：效果\第5章\茶叶上新广告.prproj

图5-131　茶叶上新广告参考效果

第6章

视频后期合成

视频后期合成是指通过各种方法将多个素材混合成单一复合画面的一种处理手段，也是Premiere中非常常见且重要的技术。在进行视频后期合成时，可能会遇到上方视频轨道中的素材画面遮挡住下方视频轨道中需要展现的素材画面的情况，此时就需要进行视频抠像，让视频素材与其他视频内容很好地融合。为了使融合后的色调统一、自然，可能还需要进行调色处理。

▌ 学习目标

◎ 掌握常见抠像效果的应用方法
◎ 掌握使用"Lumetri颜色"面板调色的方法
◎ 掌握常见调色效果的应用方法

▌ 素养目标

◎ 培养灵活运用不同抠像技术解决实际问题的能力
◎ 养成精益求精、高效工作的良好习惯

▌ 案例展示

手机广告

6.1 抠像合成

在Premiere中，可通过设置不透明度和混合模式来合成不同轨道中的素材，形成多个视频画面叠加混合的效果，从而创作出效果丰富的视频作品。另外，也可以通过常见的抠像效果将视频画面中的某种颜色作为透明色，将其从画面中抠去，只保留主体物，然后与其他视频进行合成。

6.1.1　课堂案例——制作水墨中国风诗词展示视频

案例说明：某教师为了让学生感受到中国古诗词的魅力，准备制作一个水墨中国风诗词展示视频，但由于其中的飞鸟视频是白底视频，影响画面效果，因此在制作时需要去除飞鸟视频中的白底，参考效果如图6-1所示。

知识要点：设置不透明度和混合模式。

素材位置：素材\第6章\水墨素材.psd、鸟.mp4

效果位置：效果\第6章\水墨中国风诗词展示视频.prproj

高清视频

图6-1　水墨中国风诗词展示视频参考效果

其具体操作步骤如下。

STEP 1　新建一个名为"水墨中国风诗词展示视频"的项目文件，将"水墨素材.psd"素材文件导入"项目"面板，导入方式为"序列"。

STEP 2　在"项目"面板双击打开"水墨素材"序列，选择V2轨道中的素材，激活"位置"关键帧，将时间指示器移动到00:00:04:24处，设置"位置"参数为"1591，657"。

视频教学：
制作水墨中国风
诗词展示视频

STEP 3　新建V4轨道，将V3轨道的素材移动到V4轨道。将"鸟.mp4"视频导入"项目"面板，并将其拖曳到V3轨道，然后调整V1轨道、V2轨道和V4轨道中素材的出点至与V3轨道中视频素材的出点一致。

STEP 4　在"节目"面板中预览视频，可看到"鸟.mp4"视频中的白底影响了画面效果，如图6-2所示，需要将其去除。

STEP 5　选择V3轨道的视频素材，在"效果控件"面板中展开"不透明度"栏，打开"混合模式"下拉列表，在其中选择"相乘"选项，如图6-3所示。在"节目"面板中可看到视频中的白底已经被去除了，如图6-4所示。

图6-2　预览视频　　　　　图6-3　选择混合模式　　　　　图6-4　预览效果

STEP 6 在"效果控件"面板的"不透明度"栏中设置不透明度为"60%"，使视频中的飞鸟与整个画面更加融洽，继续设置视频的位置为"823，284"。

STEP 7 将时间指示器移动到开始位置，为V4轨道中的文字素材添加"线性擦除"视频效果，在"效果控件"面板中设置过渡完成为"73%"、羽化为"70"，并激活"过渡完成"关键帧；将时间指示器移动到00:00:06:16处，设置过渡完成为"0%"，最后按【Ctrl+S】组合键保存文件。

6.1.2　设置不透明度和混合模式

Premiere的"效果控件"面板中的每个素材都包含"不透明度"栏，在其中可设置素材的不透明度，也可以设置素材的混合模式。

1. 设置不透明度

当设置素材的不透明度为"100%"时，素材完全不透明；当设置素材的不透明度为"0%"时，素材完全透明。当将一个素材与另一个素材进行叠加合成时，通过设置素材的不透明度，可以显示下方轨道的素材，使其不被其上方的素材遮挡，让画面呈现出特殊的视觉效果。

2. 设置混合模式

Premiere的"效果控件"面板的"不透明度"栏中的混合模式提供了多种让上下轨道的两个素材相互混合的方式，如图6-5所示。例如应用"滤色"混合模式可以快速去除黑色背景，应用"相乘"混合模式可以快速去除白色背景等。图6-6所示为应用"相乘"混合模式前后的对比效果。

图6-5　查看混合模式

图6-6　应用"相乘"混合模式前后的对比效果

资源链接

Premiere中的混合模式与Potoshop中的图层混合模式类似，可以分为普通模式组、变暗模式组、变亮模式组、对比模式组、比较模式组和颜色模式组共6个组。扫描右侧的二维码，可查看详细内容。

扫码看详情

6.1.3 课堂案例——制作镂空文字片头效果

案例说明： 某摄影博主想要将拍摄的风景视频制作成一个具有镂空效果的片头视频，要求镂空文字为"海上落日"，同时文字要具有动感，可考虑使用"轨道遮罩键"视频效果，参考效果如图6-7所示。

知识要点： "轨道遮罩键"视频效果。

素材位置： 素材\第6章\日落视频.mp4

效果位置： 效果\第6章\镂空文字片头效果.prproj

高清视频

图6-7 镂空文字片头参考效果

其具体操作步骤如下。

STEP 1 新建一个名为"镂空文字片头效果"的项目文件，将"日落视频.mp4"素材导入"项目"面板中，并将其拖曳到"时间轴"面板中。

STEP 2 在画面中输入文字，设置文字字体为"方正兰亭粗黑简体"、文字大小为"300"、字距为"100"，移动文字，使其居中于画面，效果如图6-8所示。

STEP 3 在"效果"面板中将"轨道遮罩键"视频效果拖曳到"时间轴"面板中V1轨道上的视频素材中，在"效果控件"面板的"遮罩"下拉列表中选择"视频2"选项，如图6-9所示，在"节目"面板中可看到文字的遮罩效果，如图6-10所示。

视频教学：
制作镂空文字片头效果

图6-8 添加文字　　　　图6-9 选择遮罩方式　　　　图6-10 文字的遮罩效果

STEP 4 选择V2轨道中的文字素材，按住【Alt】键向上移动，复制一个文字素材，然后为V2轨道和V3轨道中的文字素材添加"裁剪"视频效果。

STEP 5 选择V2轨道中的文字素材,在"效果控件"面板的"裁剪"栏中设置底部为"50%"。使用同样的方法设置V3轨道中的文字素材的裁剪顶部为"50%"。

STEP 6 隐藏V1轨道中的视频素材,以便后续观察文字效果。将时间指示器移动到00:00:02:00处,选择V3轨道的素材,在"效果控件"面板中展开"视频"栏,激活"位置"关键帧;将时间指示器移动到00:00:03:00处,设置"位置"参数,如图6-11所示。

STEP 7 使用相同的方法在00:00:02:00处激活V2轨道中素材的"位置"关键帧,在00:00:03:00处设置"位置"参数为"960,0"。

STEP 8 将V2轨道和V3轨道中的素材嵌套,设置嵌套序列名称为"文字"。显示V1轨道,然后将该轨道中的视频素材向上复制到V3轨道中,并为V3轨道中的视频素材添加"裁剪"视频效果。

STEP 9 删除V3轨道中视频素材的"轨道遮罩键"视频效果,然后将时间指示器移动到00:00:03:00处,在"效果控件"面板中激活"顶部"和"底部"关键帧;将时间指示器移动到00:00:02:00处,在"效果控件"面板中设置顶部和底部均为"50%",如图6-12所示,按【Ctrl+S】组合键保存文件。

图6-11 设置"位置"参数

图6-12 设置顶部和底部

6.1.4 课堂案例——更换视频中的天空

案例说明: 现有两个风景视频,需要将其中一个风景视频中的天空更换为另一个效果更好的天空,要求在制作时使用"颜色键"视频效果,使最终效果真实、自然,更换前后的对比效果如图6-13所示。

知识要点: "颜色键"视频效果。

素材位置: 素材\第6章\去除天空视频.mp4、天空.mp4

效果位置: 效果\第6章\更换视频中的天空.prproj

高清视频

图6-13 更换前后的对比效果

其具体操作步骤如下。

STEP 1 新建一个名为"更换视频中的天空"的项目文件,将"去除天空视频.mp4""天空.mp4"视频素材导入"项目"面板。

STEP 2 将"项目"面板中的"去除天空视频.mp4"视频素材拖曳到"时间轴"面板中，然后将其移动到V2轨道，将"项目"面板中的"天空.mp4"视频素材拖曳到V1轨道上，并使两个视频素材的持续时间一致，如图6-14所示。

STEP 3 在"效果"面板中选择"颜色键"视频效果，将其添加到V2轨道的视频素材上。

STEP 4 打开"效果控件"面板，选择"颜色键"栏中"主要颜色"参数右侧的吸管工具，将鼠标指针移动到"节目"面板中需要被去除的蓝色天空的位置，单击吸取颜色，如图6-15所示。

视频教学：更换视频中的天空

图6-14 调整视频素材的持续时间

图6-15 吸取天空颜色

STEP 5 在"效果控件"面板中设置"颜色键"栏中的颜色容差为"52"，去除视频中的蓝色；设置羽化边缘为"3"，使被吸取颜色的边缘变得柔和、自然。在"节目"面板中查看效果，如图6-16所示。

STEP 6 由于这里的蓝色天空中还有白色的云彩，而"颜色键"视频效果每次只能去除一个固定颜色，因此需要多次使用"颜色键"视频效果去除天空。

STEP 7 在"效果控件"面板中选择"颜色键"栏，按【Ctrl+C】组合键复制视频效果，按【Ctrl+V】组合键粘贴视频效果，然后使用粘贴后的"颜色键"视频效果中的吸管工具吸取还未去除的云彩颜色，并设置颜色容差为"140"，完成后的效果如图6-17所示，最后按【Ctrl+S】组合键保存文件。

图6-16 查看效果

图6-17 查看最终效果

6.1.5 课堂案例——制作无缝转场创意视频效果

案例说明：现有两个视频，需要将这两个视频合成为一个视频，制作出两个视频无缝转场的创意效果，参考效果如图6-18所示。

高清视频

知识要点： "亮度键"视频效果。

素材位置： 素材\第6章\视频1.mp4、视频2.mp4

效果位置： 效果\第6章\无缝转场创意视频效果.prproj

图6-18　无缝转场创意视频参考效果

其具体操作步骤如下。

STEP 1　新建一个名为"无缝转场创意视频效果"的项目文件，将"视频 1.mp4""视频2.mp4"视频素材导入"项目"面板。

STEP 2　将"项目"面板中的"视频1.mp4"素材拖曳到"时间轴"面板中，设置其缩放为"113"，放大视频画面，并去除视频上下的黑边，然后设置视频的出点为 00:00:05:00，并将其移动到V2轨道。

STEP 3　将时间指示器移动到00:00:04:00处，将"项目"面板中的"视频 2.mp4"素材拖曳到"时间轴"面板中V1轨道的时间指示器位置，如图6-19所示。

STEP 4　选择V2轨道中的视频素材，按【Ctrl+K】组合键剪切视频，然后为剪切后的第2个视频素材应用"亮度键"视频效果，此时画面中较暗的区域已经被去除了，效果如图6-20所示。

视频教学：
制作无缝转场创意视频效果

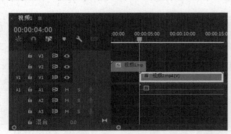 

图6-19　拖曳素材　　　　　　　图6-20　应用"亮度键"视频效果

STEP 5　在"效果控件"面板中激活"阈值""屏蔽度"关键帧，并设置阈值为"0%"，如图 6-21所示。

STEP 6　将时间指示器移动到00:00:05:00处，设置阈值为"100%"，如图6-22所示，最后按 【Ctrl+S】组合键保存文件。

 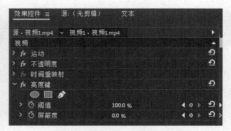

图6-21　调整"亮度键"视频效果参数　　　图6-22　再次调整"亮度键"视频效果参数

6.1.6　常见的抠像效果详解

在Premiere中，常见的抠像效果主要在"键控"效果组中，它主要使用特定的颜色值或亮度值来对素材中的不透明区域进行自定义设置，使不同轨道中的素材合成到一个画面中。在"效果"面板中依次展开"视频效果""键控"文件夹，查看"键控"效果组，如图6-23所示。

图6-23　"键控"效果组

1. Alpha调整

"Alpha调整"视频效果能够对包含Alpha通道的素材进行不透明度的调整，使当前素材与下方轨道中的素材产生叠加效果。应用该视频效果前后的对比效果如图6-24所示。

图6-24　应用"Alpha调整"视频效果前后的对比效果

2. 亮度键

"亮度键"视频效果能够将素材中的较暗区域设置为透明，并保持颜色的色调和饱和度不变，还能够有效去除素材中较暗的图像区域。该视频效果适用于明暗对比强烈的图像。应用该视频效果前后的对比效果如图6-25所示。

图6-25　应用"亮度键"视频效果前后的对比效果

3. 超级键

"超级键"视频效果能通过指定一种特定或相似的颜色，并使用该颜色遮盖素材，然后通过设置其透明度、高光、阴影等值进行合成。可以使用该视频效果修改素材中的颜色。应用该视频效果前后的对比效果如图6-26所示。

图6-26　应用"超级键"视频效果前后的对比效果

4．轨道遮罩键

"轨道遮罩键"视频效果能将图像中的黑色区域设置为透明，将白色区域设置为不透明。应用"轨道遮罩键"视频效果前后的对比效果如图6-27所示。

图6-27　应用"轨道遮罩键"视频效果前后的对比效果

5．颜色键

"颜色键"视频效果能使素材中某种指定的颜色及与其相似的颜色变得透明，以显示素材下方轨道中的内容。应用该视频效果前后的对比效果如图6-28所示。需要注意的是，"颜色键"视频效果的应用方式与"超级键"基本相同，都是让指定的颜色变为透明，但是"颜色键"视频效果不能对素材进行颜色校正。

图6-28　应用"颜色键"视频效果前后的对比效果

技能提升

在Premiere中，每种抠像方法都有各自的特点与优势，在实际应用中需要为有不同特征的素材选择合适的抠像方法。并且，对于复杂的前景画面，可能还需要结合两种或两种以上的抠像方法才能达到想要的效果。

图6-29所示为某视频截图（扫描二维码可查看完整视频），请运用本小节所述知识，尝试使用多种方法抠除提供的素材（素材位置：技能提升\第6章\抠像.mp4），并回答下列问题。

高清视频

图6-29　视频截图

（1）该素材适合使用哪些抠像方法？为什么？

（2）为了得到更好的合成效果，在前期选择素材时和在后期抠像时，需要注意哪些问题？

6.2 后期调色

想要合成一个好的视频作品，画面的色彩十分重要。后期调色是指对视频中的光线、色彩、细节等方面进行调整，不仅可以校正后期合成时出现的色差或者视频本身的曝光不足、曝光过度、偏色等问题，尽可能地使画面看起来自然、协调，还可以对特殊色彩进行调色，用色调烘托视频氛围。

6.2.1 课堂案例——水果视频后期调色处理

案例说明：某水果商家拍摄了一段水果视频，打算将其上传到电商网站中以吸引消费者购买水果。但由于拍摄时的天气不好，拍摄出的视频偏色、画面灰暗、饱和度低，因此现需要对该视频进行后期调色处理，让视频中的水果更美观。调色前后的对比效果如图6-30所示。

高清视频

图6-30　调色前后的对比效果

知识要点："Lumetri颜色"面板中"基本校正"选项的运用。

素材位置：素材\第6章\葡萄视频.mp4

效果位置：效果\第6章\水果视频后期调色处理.prproj

其具体操作步骤如下。

视频教学：
水果视频后期调
色处理

STEP 1　新建一个名为"水果视频后期调色处理"的项目文件，将"葡萄视频.mp4"素材导入"项目"面板，然后将其拖曳到"时间轴"面板中。

STEP 2　打开"Lumetri颜色"面板，单击展开"基本校正"选项，再展开"白平衡"栏，单击"白平衡选择器"右侧的"吸管工具" ，将吸管移至画面中的天空处。

STEP 3　单击吸取颜色，如图6-31所示，可看到色温和色调数值发生了变化，同时画面中的天空变成了白色，恢复了原本的色彩，如图6-32所示。

图6-31　吸取颜色　　　　　　　　　　图6-32　查看参数和调整后的效果

STEP 4 此时画面依然比较灰暗，还需进行调整。调整"色调"栏中的相应参数，增加画面中的白色、曝光、对比度等，在"节目"面板中查看调整后的效果，如图6-33所示。

STEP 5 此时画面鲜艳度不够，为了让画面更美观，还需设置饱和度为"150"，效果如图6-34所示，最后按【Ctrl+S】组合键保存文件。

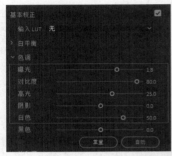

图6-33　调整参数和查看调整后的效果　　　　图6-34　调整饱和度后的效果

6.2.2　课堂案例——日落风景视频后期调色处理

案例说明： 某游客拍摄了一段日落风景视频，打算将其上传到个人社交平台中以吸引其他人关注。为了增加画面的吸引力，现需要对其进行调色处理，要求处理后的画面具有日落暖色调的特征。调色前后的对比效果如图6-35所示。

高清视频

图6-35　调色前后的对比效果

知识要点： "Lumetri颜色"面板中"创意""曲线""色轮和匹配"选项的运用。

素材位置： 素材\第6章\日落.mp4

效果位置： 效果\第6章\日落风景视频后期调色处理.prproj

其具体操作步骤如下。

STEP 1 新建一个名为"日落风景视频后期调色处理"的项目文件，将"日落.mp4"素材导入"项目"面板，然后将其拖曳到"时间轴"面板中。

STEP 2 打开"Lumetri颜色"面板，单击展开"创意"选项，再展开"调整"栏，设置自然饱和度为"35"，然后拖曳阴影色彩色轮和高光色彩色轮中的十字光标，如图6-36所示。在"节目"面板中预览素材，效果如图6-37所示。

视频教学：
日落风景视频后期调色处理

STEP 3 此时画面偏黄，可在"调整"栏中设置色彩平衡为"80"，平衡画面中的色彩，效果如图6-38所示。

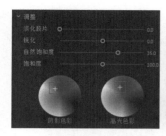

图 6-36　调整阴影色彩和高光
色彩色轮

图 6-37　预览效果

图 6-38　调整色彩平衡

STEP 4　在"Lumetri颜色"面板中单击展开"曲线"选项，在其中再展开"RGB曲线"栏，拖曳主曲线以调整整个素材的亮度，如图6-39所示。

STEP 5　单击"色相与饱和度"模块的"吸管工具" ，在"节目"面板中单击日出的黄色区域进行取样，此时"色相与饱和度"曲线上已经有了3个控制点，选择中间的控制点并向上拖曳，如图6-40所示。

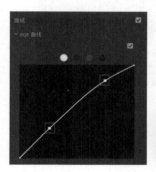

图 6-39　调整素材的亮度

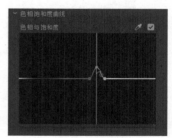

图 6-40　拖曳控制点

STEP 6　在"节目"面板中预览素材，效果如图6-41所示。在"Lumetri颜色"面板中展开"色轮和匹配"选项，拖曳阴影和高光色轮左侧的滑块，如图6-42所示。

STEP 7　在"节目"面板中预览素材，效果如图6-43所示，最后按【Ctrl+S】组合键键保存文件。

图6-41　预览素材

图6-42　拖曳色轮左侧的滑块

图6-43　预览最终效果

6.2.3　认识"Lumetri 范围"面板

"Lumetri范围"面板中包含矢量示波器、直方图、分量和波形等波形显示图示工具（后文简称"波形图")。通过这些图示工具可将色彩信息以图形的形式进行直观展示，真实地反映视频中的明暗关系或色彩关系，从而更加客观、高效地进行调色工作。

在"Lumetri范围"面板中单击鼠标右键，在弹出的下拉列表框中选择"预设"命令，在打开的子菜单中可选择不同的波形图，如图6-44所示。

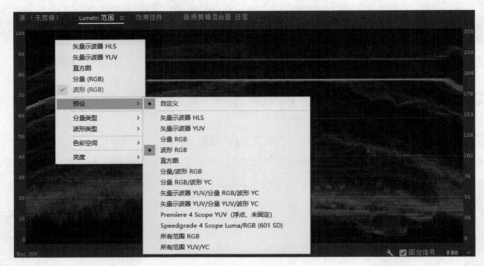

图6-44　波形图

常见的波形图主要有以下4种。

1. 矢量示波器

矢量示波器表示与色相相关的素材色度，常用于辅助判定画面的色相与饱和度，着重监控色彩的变化。Premiere中有两种矢量示波器：矢量示波器HLS和矢量示波器YUV，如图6-45所示，它们分别基于HSL色彩模式和YUV色彩模式产生。矢量示波器中显示了一个颜色轮盘，包括红色、洋红色、蓝色、青色、绿色和黄色（R、MG、B、Cy、G和YL）。

2. 直方图示波器

直方图示波器主要用于显示每个色阶像素密度的统计分析信息。其中，纵轴表示色阶，由下往上表示从黑（暗）到白（亮）的亮度级别；横轴表示对应色阶的像素数量，像素越多，数值越大，如图6-46所示。

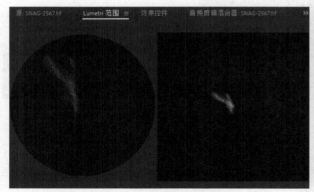

图6-45　矢量示波器

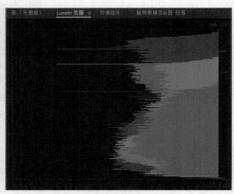

图6-46　直方图示波器

3. 分量示波器

分量示波器表示视频信号中的亮度和色差通道级别的波形，常用于解决画面中的色彩平衡问题。Premiere中的分量类型主要有RGB、YUV、RGB白色和YUV白色4种，这也是分量示波器的4种主要类型。在"Lumetri范围"面板中单击鼠标右键，在弹出的下拉列表框中选择"分量类型"命令，在打开的子菜单中可选择分量类型，如图6-47所示。

图6-48所示为分量（RGB）示波器的图示，该图显示了视频素材中的红色、绿色和蓝色级别的波形，以及色彩的分布方式。分量（RGB）示波器在调色时较为常用。

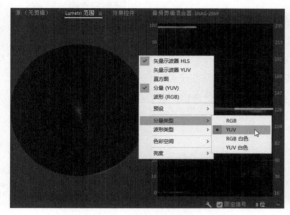

图6-47　选择分量类型　　　　　　　　　　　图6-48　分量（RGB）示波器

4. 波形示波器

波形示波器主要有RGB、亮度、YC和YC无色度4种类型，如图6-49所示。波形示波器和分量示波器的形状整体上是相同的，只是波形示波器对分量示波器中分开显示的红色、绿色、蓝色级别的波形进行了整合。波形示波器的选择方法与分量示波器相同，因此这里不做过多介绍。

图6-50所示为波形（YC）示波器的图示。视频的色度以蓝色波形图表示，视频的亮度以绿色波形图表示，波形在图中的位置越靠上表示视频越亮，波形在图中的位置越靠下表示视频越暗。

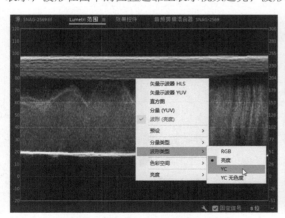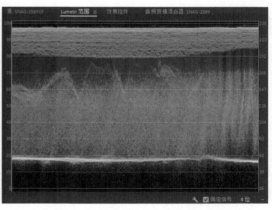

图6-49　查看波形示波器类型　　　　　　　　图6-50　波形（YC）示波器

6.2.4 认识"Lumetri 颜色"面板

"Lumetri颜色"面板中包含了6个部分，如图6-51所示，每个部分都侧重于不同的调色功能，可以搭配使用，以快速完成视频的调色处理。

1. 基本校正

在对视频进行调色前，应先查看画面是否出现偏色、曝光过度、曝光不足等问题，然后针对这些问题对画面颜色进行基本校正。通过"基本校正"选项可以校正或还原画面颜色，修正画面中过暗或过亮的区域，调整曝光与明暗对比等，如图6-52所示。

图6-51　"Lumetri 范围"面板

（1）输入LUT

LUT是Lookup Table（查询表）的缩写，通过LUT可以快速调整整个视频的色调。简单来说，LUT就是可以用于视频调色的预设。在"输入LUT"下拉列表中可以任意选择一种LUT预设用于调色。图6-53所示为应用某种LUT预设前后的对比效果。

图6-52　"基本校正"选项　　　　　图6-53　使用某种LUT预设前后的对比效果

> **⚠ 提示**
>
> 若在"输入LUT"下拉列表中选择"浏览"选项，则在打开的"选择LUT"对话框中可以导入外部的LUT预设，其文件扩展名为".cube"。

（2）白平衡

在前期拍摄视频时，画面可能会出现白平衡不准确的问题，导致画面偏色，此时就可通过"白平衡"选项对视频画面进行调色。单击"白平衡选择器"右侧的"吸管工具"🖊️，然后在画面中的白色或中性色区域单击吸取颜色，系统会自动调整白平衡。若对画面效果仍不满意，则还可以通过拖曳色温和色彩滑块来进行微调。

● 色温：色温即光线的温度，如暖光或冷光。若是冷光，则说明色温低、画面偏蓝；若是暖光，则说明色温高、画面偏红。这里将色温滑块向左移动可使画面偏冷，向右移动可使画面偏暖。图6-54所示为将暖色调画面调整为冷色调画面的对比效果。

● 色彩：微调色彩值可以补偿画面中的绿色或洋红色，为画面带来不同的色彩表现。这里将色彩滑块向左移动可增加画面的绿色，向右移动可增加画面的洋红色。图6-55所示为调整色彩前后的画面对比效果。

图6-54　将暖色调画面调整为冷色调画面的对比效果　　　　图6-55　调整色彩前后的画面对比效果

（3）色调

色调是指画面中色彩的整体倾向，如红色调、蓝色调等。通过"色调"栏中的不同参数，可以调整画面的色彩倾向。

● 曝光：用于设置画面的亮度。向右移动曝光滑块可以增加画面高光，向左移动曝光滑块可以增加画面阴影。图6-56所示为减少曝光前后的对比效果。

● 对比度：用于提高或降低画面的对比度。提高对比度时，中间调区域到暗区将变得更暗；降低对比度时，中间调区域到亮区将变得更亮。图6-57所示为提高画面对比度前后的对比效果。

图6-56　减少曝光前后的对比效果　　　　　　图6-57　提高画面对比度前后的对比效果

● 高光：用于调整画面的亮部。向左拖曳滑块可使高光变暗，向右拖曳滑块可使高光变亮并恢复高光细节。图6-58所示为增加高光前后的对比效果。

● 阴影：用于调整画面的阴影。向左拖曳滑块可使阴影变暗，向右拖曳滑块可使阴影变亮并恢复阴影细节。图6-59所示为增加阴影前后的对比效果。

图6-58　增加高光前后的对比效果　　　　　　图6-59　增加阴影前后的对比效果

● 白色：用于调整画面中最亮的白色区域。向左拖曳滑块可减少白色，向右拖曳滑块可增加白色。

● 黑色：用于调整画面中最暗的黑色区域。向左拖曳滑块可增加黑色，使更多阴影变为纯黑色；向右拖曳滑块可减少黑色。

● 重置：单击 重置 按钮，Premiere会将之前调节的参数还原为原始设置。

● 自动：单击 自动 按钮，Premiere会自动拖曳滑块进行调色。

（4）饱和度

饱和度可以用于均匀地调整画面中所有颜色的饱和度。向左拖曳滑块可降低整体饱和度，向右拖曳滑块可提高整体饱和度。

2. 创意

通过"创意"选项可以进一步调整画面的色调，实现所需的颜色创意，即进行风格化调色，从而制作出艺术效果。"创意"选项的参数如图6-60所示。

（1）Look

Look类似于调色滤镜，"Look"下拉列表中提供了多种创意的Look预设，在预览框中单击左右箭头，可以直观地预览不同Look预设的应用效果，单击预览框中的图像可将Look预设应用于素材。图6-61所示为应用某种Look预设前后的对比效果。

图6-60　"创意"选项的参数　　　　　　图6-61　应用某种Look预设前后的对比效果

在"Look"下拉列表中选择"浏览"选项，在打开的"选择Look或LUT"对话框中可以导入外部的预设。另外，在"效果"面板的"Lumetri预设"文件夹中，Premiere还提供了多种调色预设效果。

疑难解答

在"Lumetri 颜色"面板中进行视频后期调色时，如何合理选择 LUT 预设和 Look 预设？

"基本校正"选项中的"输入 LUT"主要用于将原始视频调整成正常的色调，而"创意"选项中的"Look"主要用于将原始视频调整成风格化色调，让原始视频更具创意。因此，调色时可根据自身需求合理选择预设。

（2）强度

"强度"参数主要用于调整应用的Look预设效果的强度。向右拖曳滑块可增强应用的Look预设效果，向左拖曳滑块可减弱Look预设效果。

（3）调整

"调整"栏主要用于对Look预设进行简单调整。

● 淡化胶片：向右拖曳滑块，可减少画面中的白色，使画面产生一种暗淡、朦胧的薄雾效果。"淡化胶片"参数常用于制作怀旧风格的视频。图6-62所示为应用淡化胶片处理画面前后的对比效果。

● 锐化：用于调整视频画面中像素边缘的清晰度，让视频画面更加清晰。向右拖曳滑块可提高边缘的清晰度，让细节更加明显；向左拖曳滑块可降低边缘的清晰度，让画面更加模糊。需要注意的是，过度锐化边缘会使画面看起来不自然。图6-63所示为运用锐化处理画面前后的对比效果。

图6-62　应用淡化胶片处理画面前后的对比效果　　　图6-63　运用锐化处理画面前后的对比效果

- 自然饱和度：用于智能检测画面的鲜艳程度，只控制饱和度低的颜色，对高饱和度颜色的影响较小，使原本饱和度足够的颜色保持原状，避免颜色过度饱和，尽量让画面中所有颜色的鲜艳程度趋于一致，从而使画面效果更加自然。该参数常用于调整包含人像的视频画面。
- 饱和度：用于均匀地调整画面中所有颜色的饱和度，使画面中颜色的鲜艳程度相同，调整范围为"0～200"。图6-64所示为应用饱和度处理画面前后的对比效果。
- 阴影色彩色轮和高光色彩色轮：用于调整阴影和高光的颜色值。单击并拖曳色轮中间的十字光标可以添加颜色，色轮被填满则表示已进行调整，空心色轮则表示未进行任何调整，双击色轮可将其复原。
- 色彩平衡：用于平衡画面中多余的洋红色或绿色，校正画面的偏色问题，使画面达到色彩平衡的效果。图6-65所示为应用色彩平衡处理画面前后的对比效果。

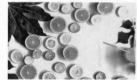　　

图6-64　应用饱和度处理画面前后的对比效果　　　图6-65　应用色彩平衡处理画面前后的对比效果

3. 曲线

通过"曲线"选项可以快速和精确地调整视频的色调范围，以获得更加自然的视觉效果。Premiere的"Lumetri颜色"面板中的曲线主要有RGB曲线和色相饱和度曲线两种类型。

（1）RGB曲线

RGB曲线中一共有4条曲线。主曲线为一条白色的对角线，主要用于控制画面的亮度；其余3条分别为红色、绿色、蓝色通道曲线，可以用于对选定的颜色范围进行调整。

调整RGB曲线的方法：先在曲线上方选择一个颜色通道，即单击对应的圆形色块，然后在对应颜色的曲线上单击添加控制点（可添加的控制点的数量无上限），拖曳控制点即可调整曲线，如图6-66所示（这里以红色通道的曲线为例）。

（2）色相饱和度曲线

除了调整RGB曲线，还可以通过调整色相饱和度曲线进一步调整视频的色调范围。色相饱和度曲线中有5条曲线，并分为5个可单独控制的模块，每个模块中都有"吸管工具" ，使用"吸管工具" 可以设置需要调整的颜色区域，然后在相应的曲线上通过拖曳控制点来调整这个区域内的颜色。

色相饱和度曲线的使用方法：单击其中一个模块的"吸管工具" ，在"节目"面板中单击某种颜色进行取样，曲线上将自动添加3个控制点，向上或向下拖曳中间的控制点可增大或减小选定范围的色相饱和度输出值，左右两边的控制点则用于控制范围，如图6-67所示（这里以"色相与饱和度"曲线为例）。

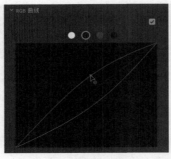
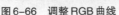
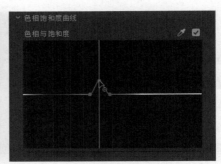

图6-66　调整RGB曲线　　　　　　图6-67　调整"色相与饱和度"曲线

色相饱和度曲线中的"色相与饱和度"曲线用于调整所选色相的饱和度；"色相与色相"曲线用于将选择的色相更改为另一色相；"色相与亮度"曲线用于调整所选色相的亮度；"亮度与饱和度"曲线用于选择亮度范围，并调整其饱和度；"饱和度与饱和度"曲线用于选择饱和度范围，并提高或降低其饱和度，只要画面中颜色的饱和度相同，调整该曲线时都会发生改变。

4. 色轮和匹配

通过"Lumetri 颜色"面板中的"色轮和匹配"选项可以更加精确地对视频进行调色，如图6-68所示。

（1）颜色匹配

在进行视频后期调色时，可能会出现画面颜色或亮度不统一的情况，而利用"颜色匹配"功能可自动匹配一个画面或多个画面中的颜色和亮度，使画面效果更加协调。

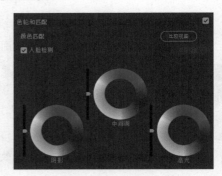

图6-68　"色轮和匹配"选项

其操作方法：单击"Lumetri颜色"面板中的 比较视图 按钮，切换到"比较视图"模式，通过拖曳"参考"窗口下方的滑块或单击"转到上一编辑点"按钮 和"转到下一编辑点"按钮 ，在编辑点之间跳转选择参考帧；将时间指示器定位到要与参考对象匹配的画面的时间点处，选择当前帧，如图6-69所示；单击 应用匹配 按钮，Premiere将自动应用"Lumetri颜色"面板中的色轮，匹配当前帧与参考帧的颜色，如图6-70所示。当前帧的风景画面为冷色调，自动匹配了参考帧中黄色汽车画面的暖色调。

图6-69　选择当前帧　　　　　　　图6-70　匹配当前帧与参考帧的颜色

（2）人脸检测

默认"人脸检测"复选框处于选中状态。如果在参考帧或当前帧中检测到人脸，则将着重匹配人物面部颜色。此功能可提高皮肤的颜色匹配质量，但计算匹配所需的时间将会增加，颜色匹配速度将会变慢。因此，如果素材中不含人脸，则可取消选中"人脸检测"复选框，以加快颜色匹配速度。

（3）色轮

Premiere提供了3种色轮，分别用于调整阴影、中间调、高光的颜色及亮度。

在色轮中应用颜色的方法与在阴影色彩色轮、高光色彩色轮中应用颜色的方法相同。不同的是，这里的色轮可以通过增大（向上拖曳色轮左侧的滑块）和减小（向下拖曳色轮左侧的滑块）数值来调整应用强度，例如向上拖曳阴影色轮左侧的滑块可使阴影变亮，向下拖曳高光色轮左侧的滑块可使高光变暗。

5. HSL辅助

通过"HSL辅助"选项可精确地调整某个特定颜色，而不会影响画面中的其他颜色，因此适用于局部细节调色。例如在为人物视频调色时，人物皮肤常会因为环境的变化而失真，此时就可使用"HSL辅助"选项只对人物皮肤进行调色，而不影响画面中的其他部分。

（1）键

通过"键"栏可以提取画面中的局部色调、亮度和饱和度范围内的像素。在"Lumetri颜色"面板中展开"HSL辅助"选项中的"键"栏，如图6-71所示。

"设置颜色"参数右侧有3个吸管工具，第1个吸管工具![吸管]用于吸取主颜色，第2个吸管工具![吸管]用于添加吸取的主颜色，第3个吸管工具![吸管]用于除去吸取的主颜色。选择对应的吸管工具后，在画面中单击即可吸取颜色，如图6-72所示。此时，在"节目"面板中并不能查看吸取的颜色范围，需要选中"键"栏中的"彩色/灰色"复选框，才可以查看吸取的颜色范围，效果如图6-73所示。

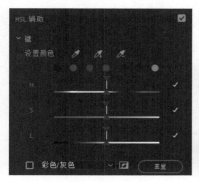
图6-71　"键"栏

图6-72　吸取颜色

图6-73　查看吸取的颜色范围

如果还没有完全吸取颜色，则可以使用第2个"吸管工具"![吸管]进行添加；如果吸取的颜色过多，则可以使用第3个"吸管工具"![吸管]除去不要的颜色。

如果使用吸管工具不能很好地选取颜色，则可以拖曳下方的"H""S""L"滑块进行调整。其中"H"表示色相、"S"表示饱和度、"L"表示亮度，拖曳相应的滑块可以调整选取颜色的相应范围。

（2）优化

颜色范围选取完毕后，可以通过"优化"栏调整颜色边缘，如图6-74所示。其中，"降噪"参数用于调整画面中的噪点，"模糊"参数用于调整被选取颜色边缘的模糊程度。

（3）更正

展开"更正"栏，在色轮中单击可以将吸取的颜色修改为另一种颜色，拖曳色轮下方的滑块可以调整吸取的颜色的色温、色彩、对比度、锐化和饱和度，如图6-75所示。

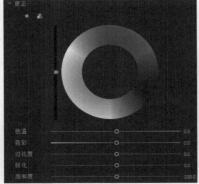

图6-74 "优化"栏　　　　　　　图6-75 "更正"栏

6. 晕影

通过"晕影"选项可以调整画面边缘变亮或者变暗的程度，从而突出画面主体。在"Lumetri颜色"面板中展开"晕影"选项，如图6-76所示。

图6-76 "晕影"选项

"晕影"选项中包括4个方面的参数。其中，"数量"参数用于使画面边缘变暗或变亮，向左拖曳滑块可使画面边缘变暗，向右拖曳滑块可使画面边缘变亮；"中点"参数用于选择晕影范围，向左拖曳滑块可使晕影范围变大，向右拖曳滑块可使晕影范围变小；"圆度"参数用于调整画面4个角的圆度大小，向左拖曳滑块可使圆角变小，向右拖曳滑块可使圆角变大；"羽化"参数用于调整画面边缘晕影的羽化程度，向左拖曳滑块羽化值变小，向右拖曳滑块羽化值变大，羽化值越大，晕影的羽化程度越高。

6.2.5 课堂案例——修复曝光不足的视频

案例说明：由于拍摄时光线不佳，因此拍摄出的视频出现了整体曝光不足、暗部阴影过重、细节不清晰的问题。针对该视频的问题，现需要使用Premiere中的常规色彩校正类效果进行调色和修复处理，使视频的光线达到较好的效果。修复前后的对比效果如图6-77所示。

高清视频

图6-77 修复前后的对比效果

知识要点："自动对比度""亮度曲线""颜色平衡"视频效果。

素材位置：素材\第6章\茶叶.mp4

效果位置：效果\第6章\修复曝光不足的视频.prproj

其具体操作步骤如下。

STEP 1　新建一个名为"修复曝光不足的视频"的项目文件，将"茶叶.mp4"素材导入"项目"面板，然后将其拖曳到"时间轴"面板中。

STEP 2　打开"效果"面板，将"自动对比度"视频效果应用到视频素材中，并查看调色前后的对比效果，如图6-78所示。

视频教学：
修复曝光不足的
视频

STEP 3　此时画面整体亮度仍比较低，可继续为视频素材添加"亮度曲线"视频效果。在"效果控件"面板中的"亮度波形"图中的曲线上单击添加控制点，然后拖曳调整曲线，如图6-79所示。

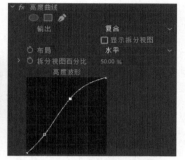

图6-78　查看调色前后的对比效果　　　　图6-79　拖曳调整曲线

STEP 4　在"节目"面板中查看调整亮度后的效果，如图6-80所示，发现画面中白色茶具受背景影响偏红，需要为视频素材添加"颜色平衡"视频效果。在"效果控件"面板中调整"颜色平衡"栏中的参数以减少画面中阴影、中间调、高光区域的红色调，如图6-81所示。

STEP 5　在"节目"面板中查看调整后的效果，如图6-82所示，最后按【Ctrl+S】组合键保存文件。

图6-80　查看调整亮度后的效果　　　图6-81　调整颜色平衡参数　　　图6-82　查看效果

6.2.6　课堂案例——校正偏色视频的色彩

案例说明： 由于拍摄时光线不佳且逆光拍摄，因此拍摄出的风景视频出现了严重的偏色问题。现需要使用Premiere中的常规色彩校正类效果校正偏色视频的色彩，还原风景视频的真实色彩。校正前后的对比效果如图6-83所示。

高清视频

图6-83　校正前后的对比效果

知识要点："RGB曲线""三向颜色校正器"视频效果。

素材位置：素材\第6章\日出风景.mp4

效果位置：效果\第6章\校正偏色视频的色彩.prproj

其具体操作步骤如下。

视频教学：
校正偏色视频的
色彩

STEP 1　新建一个名为"校正偏色视频的色彩"的项目文件，将"日出风景.mp4"素材导入"项目"面板，然后将其拖曳到"时间轴"面板中。

STEP 2　由于画面严重偏红，因此需要先调整画面中的红色部分。打开"效果"面板，将"RGB曲线"视频效果应用到视频素材中，在"效果控件"面板中调整"红色"曲线，如图6-84所示，在"节目"面板中查看调色前后的对比效果，如图6-85所示。

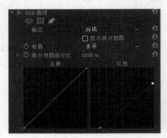

图6-84　调整"红色"曲线　　　　　　图6-85　查看调色前后的对比效果

STEP 3　此时发现画面中的蓝色偏多，整体偏暗。在"效果控件"面板中调整"蓝色"曲线，减小蓝色值；调整"主要"曲线，提高整体亮度，如图6-86所示。

STEP 4　在"节目"面板中查看调整后的效果，如图6-87所示，此时发现画面整体色调偏黄，导致画面比较灰暗。可将"三向颜色校正器"视频效果应用到视频素材中，在"效果控件"面板中单击"中间调"色轮的中心点，色轮上将出现控制手柄，拖曳控制手柄以调整颜色，如图6-88所示。

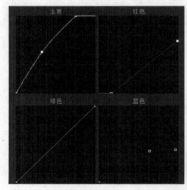

图6-86　调整"主要"和"蓝色"曲线　　图6-87　查看调整后的效果（1）　图6-88　拖曳控制手柄以调整颜色

STEP 5 在"节目"面板中查看调整后的效果，如图6-89所示，在"效果控件"面板中调整"高光"色轮，如图6-90所示。

STEP 6 在"节目"面板中查看调整后的效果，如图6-91所示，按【Ctrl+S】组合键保存文件。

图6-89　查看调整后的效果（2）　　　图6-90　调整"高光"色轮　　　图6-91　查看调整后的效果（3）

6.2.7　常规色彩校正类效果详解

色彩校正类效果主要用于还原视频本身的色彩，常规的色彩校正类效果主要有以下几种。

1. RGB曲线

"RGB曲线"视频效果主要通过调整曲线的方式来修改视频素材的主通道和红色、绿色、蓝色通道的颜色，以此改变视频的画面效果。该视频效果与"Lumetri颜色"面板的"曲线"栏中的"RGB曲线"功能相同。应用该视频效果前后的对比效果如图6-92所示。

2. RGB颜色校正器

"RGB颜色校正器"视频效果能对素材的红色、绿色、蓝色通道中的参数进行设置，以修改素材的颜色。应用该视频效果前后的对比效果如图6-93所示。

图6-92　应用"RGB曲线"视频效果前后的对比效果　　　图6-93　应用"RGB颜色校正器"视频效果前后的对比效果

3. 三向颜色校正器

"三向颜色校正器"视频效果可通过调节"阴影""中间调""高光"色轮的颜色来平衡色彩。应用该视频效果前后的效果如图6-94所示。

4. 亮度曲线

"亮度曲线"视频效果主要用于调整素材的亮度，使暗部区域变亮，或使亮部区域变暗。应用该视频效果前后的对比效果如图6-95所示。

图6-94　应用"三向颜色校正器"视频效果前后的对比效果　　　图6-95　应用"亮度曲线"视频效果前后的对比效果

5. 亮度校正器

"亮度校正器"视频效果主要用于校正素材的亮度。应用该视频效果前后的对比效果如图6-96所示。

6. 快速颜色校正器

"快速颜色校正器"视频效果可使用色相、饱和度来快速校正素材的色彩。应用该视频效果前后的对比效果如图6-97所示。

图6-96　应用"亮度校正器"视频效果前后的对比效果　　图6-97　应用"快速颜色校正器"视频效果前后的对比效果

7. 自动对比度、自动色阶、自动颜色

"自动对比度""自动色阶""自动颜色"视频效果可以分别用于自动调整素材的对比度、色阶和颜色。

8. 阴影/高光

"阴影/高光"视频效果可以用于调整素材的阴影和高光部分。

9. Brightness & Contrast（亮度与对比度）

"Brightness & Contrast"视频效果可以用于调整素材的亮度与对比度。

10. 颜色平衡（HLS)

"颜色平衡（HLS）"视频效果主要用于调整素材的色相、明度、饱和度，以改变素材的颜色，使素材达到色彩均衡的效果。

11. Color Balance（RGB）【颜色平衡（RGB)】

"Color Balance（RGB）"视频效果可通过RGB值调节素材的三原色（红色、绿色、蓝色）。

12. 颜色平衡

"颜色平衡"视频效果可以用于对素材的阴影、中间调和高光中的RGB色彩进行更加精细的调整，使其达到需要的效果。

13. Gamma Correction（灰度系数校正）

"Gamma Correction"视频效果可以用于在不改变画面高亮区域和低亮区域的情况下，使画面变亮或者变暗。应用该视频效果前后的对比效果如图6-98所示。

14. 均衡

"均衡"视频效果能用于改变素材的像素值并对其颜色进行平均化处理。应用该视频效果前后的对比效果如图6-99所示。

图6-98　应用"Gamma Correction"视频效果前后的　　　图6-99　应用"均衡"视频效果前后的
　　　　　对比效果　　　　　　　　　　　　　　　　　　　　对比效果

6.2.8　课堂案例——制作"节约用水"公益动态海报

案例说明： 某公益组织制作了一张"节约用水"公益海报，为了增强海报的创意性，以吸引大众目光，现需要让静态的海报"动"起来，通过简单的动态效果清晰地表达海报主题，与大众产生情感共鸣，参考效果如图6-100所示。

高清视频

图6-100　"节约用水"公益动态海报参考效果

✍ 设计素养

随着多媒体技术的发展，动态海报以一种创新的视觉表现形式频繁地出现在大众视野中。动态海报将文字、图像、动画、声音等元素融为一体，将科技与艺术结合，呈现出的视觉效果更加多元化，增强了海报的艺术感染力和视觉冲击力，能使人获得全新的审美体验。

知识要点： "保留颜色"视频效果。

素材位置： 素材\第6章\"节约用水"公益宣传海报.psd

效果位置： 效果\第6章\"节约用水"公益动态海报.prproj

其具体操作步骤如下。

视频教学：
制作"节约用水"
公益动态海报

STEP 1 新建一个名为"'节约用水'公益动态海报"的项目文件，将"'节约用水'公益宣传海报.psd"素材以"序列"的方式导入"项目"面板。

STEP 2 双击打开"'节约用水'公益宣传海报"序列，将"保留颜色"视频效果拖曳到V1轨道的素材中。在"效果控件"面板中为"脱色量""要保留的颜色""容差"参数分别添加一个关键帧。选择"要保留的颜色"参数右侧的"吸管工具" 🖍，在沙漏中的蓝色水源处单击吸取颜色，并设置参数，如图6-101所示。调整后画面的效果如图6-102所示，将画面中除选中颜色外的其他颜色全部变成灰色。

STEP 3 将时间指示器移动到00:00:03:20处，在"效果控件"中将"脱色量""容差"参数的值恢复为默认值，设置要保留的颜色为"白色"。

STEP 4 选择V2轨道的"水滴"素材，将时间指示器移动到视频的开始位置，在"效果控件"面板中展开"运动"栏，分别设置"位置"和"缩放"参数，如图6-103所示。

STEP 5 将时间指示器移动到00:00:03:20处，在"效果控件"面板中将"位置""缩放"参数的值恢复为默认值。

STEP 6 将时间指示器移动到00:00:04:00处，选择"垂直文字工具" IT，在画面中间单击输入文字，并设置字体为"方正行楷简体"，调整文字的位置、大小和字距，如图6-104所示。

图6-101 设置参数

图6-102 查看效果

图6-103 调整"位置"和"缩放"参数

图6-104 输入并调整文字

STEP 7 在"时间轴"面板中调整文字素材的出点至与V1轨道和V2轨道中素材的出点一致，然后按【Ctrl+S】组合键保存文件。

6.2.9 课堂案例——制作分屏调色创意视频

案例说明： 某视频博主拍摄了一段海边视频，打算将其制作成一个创意视频并发布到某短视频平台中，以吸引用户点赞、关注。现需要制作一个分屏创意视频，从黑白灰的无彩色画面逐渐过渡到蓝调风格的彩色画面，然后添加符合画面氛围的文案，参考效果如图6-105所示。

高清视频

图6-105 分屏调色创意视频参考效果

知识要点："黑白""自动对比度""色彩""通道混合器"视频效果。

素材位置：素材\第6章\海边.mp4

效果位置：效果\第6章\分屏调色创意视频.prproj

其具体操作步骤如下。

视频教学：
制作分屏调色创
意视频

STEP 1　新建一个名为"分屏调色创意视频"的项目文件，将"海边.mp4"素材导入"项目"面板，然后将其拖曳到"时间轴"面板中，并删除视频的原始音频。

STEP 2　在"时间轴"面板中将时间指示器移动到画面需要分屏的位置，这里为00:00:01:20，然后使用"剃刀工具"在当前位置切割素材。

STEP 3　将"效果"面板中的"黑白"视频效果拖曳到切割后的第1段视频中，保持默认参数不变，使画面变为无彩色，效果如图6-106所示。将"自动对比度"视频效果拖曳到切割后的第1段视频中，增强画面的对比度。

STEP 4　接下来调整第2段视频的色彩。将"色彩"视频效果拖曳到V1轨道的第2段视频中，在"效果控件"面板中设置"将黑色映射到"为"#49CCF3"、"着色量"为"50%"，调色前后的效果如图6-107所示。

图6-106　查看效果

图6-107　调色前后的效果

STEP 5　为V1轨道的第2段视频添加"过时"效果组中的"通道混合器"视频效果，在"效果控件"面板中调整参数，如图6-108所示，让画面的蓝调风格更浓郁。

STEP 6　此时两个画面已经调整完成了，接下来需要制作分屏效果。在"效果"面板中搜索"划出"视频过渡效果，并将其拖曳到V1轨道的两段视频之间。在"效果控件"面板中设置视频过渡效果的"持续时间"为"00:00:02:00"、"边框宽度"为"10"、"边框颜色"为"白色"，如图6-109所示。

STEP 7　将时间指示器移动到00:00:02:21处，选择"文字工具"，在画面中间单击输入文字"每个人心中都有一片海，是蓝天，是星空，是梦想的开端"，在"效果控件"面板中设置文字的字体、大小和字距，如图6-110所示。

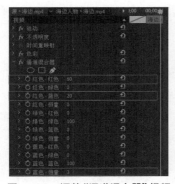
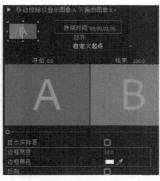

图6-108　调整"通道混合器"视频　　图6-109　设置视频过渡效果参数　　图6-110　设置文字
　　　　　　效果参数

STEP 8 在"时间轴"面板中调整文字素材的出点至与V1轨道中素材的出点一致,并为文字添加"快速模糊入点"预设效果,效果如图6-111所示,然后按【Ctrl+S】组合键保存文件。

图6-111　查看效果

6.2.10 特殊色彩处理类效果详解

特殊色彩处理类效果主要用于进行风格化调色,塑造画面的意境感。本小节主要讲解8个常用的特殊色彩处理类效果。

1. Color Pass(颜色过滤)

"Color Pass"视频效果可以将画面转换为灰色,但被选中的色彩区域可以保持不变。应用该视频效果前后的对比效果如图6-112所示。

2. Color Replace(颜色替换)

"Color Replace"视频效果可以用新的颜色替换在原素材中取样选中的颜色,以及与取样颜色有一定相似度的颜色。应用该视频效果前后的对比效果如图6-113所示。

图6-112　应用"Color Pass"视频效果前后的对比效果　　图6-113　应用"Color Replace"视频效果前后的对比效果

3. 黑白

"黑白"视频效果可以直接将彩色画面转换成灰度画面。

4. 保留颜色

"保留颜色"视频效果用于选择一种需要保留的颜色,而将其他颜色的饱和度降低。应用该视频效果前后的对比效果如图6-114所示。

5. 更改为颜色

"更改为颜色"视频效果能通过色相、饱和度和亮度快速地将选择的颜色更改为另一种颜色,并且对一种颜色进行修改时,不会影响到其他颜色。应用该视频效果前后的对比效果如图6-115所示。

图6-114　应用"保留颜色"视频效果前后的对比效果　　图6-115　应用"更改为颜色"视频效果前后的对比效果

6．更改颜色

"更改颜色"视频效果与"更改为颜色"视频效果相似，都可将素材中指定的一种颜色变为另一种颜色，但前者只能调整被更改颜色的色相、亮度和饱和度，而后者则可以为被更改颜色设置一个具体的颜色数值。

7．色彩

"色彩"视频效果用于对素材中的深色和浅色进行颜色的变换处理，以及调整这两类颜色在画面中的浓度。应用该视频效果前后的对比效果如图6-116所示。

8．通道混合器

"通道混合器"视频效果能用于调整素材的红色、绿色、蓝色通道之间的颜色，以改变素材颜色，还能用于创建颜色特效，将彩色颜色转换为灰度颜色或浅色等。应用该视频效果前后的对比效果如图6-117所示。

图6-116　应用"色彩"视频效果前后的对比效果　　图6-117　应用"通道混合器"视频效果前后的对比效果

技能提升

怀旧风格的画面通常具有温馨、复古、柔和的感觉，带有一种朦胧感，整体色调偏黄橙色，可以营造出怀旧的氛围。图6-118所示为将视频调整成怀旧风格的前后对比效果。请结合本小节所讲知识，分析该作品并完成以下练习。

高清视频

图6-118　调色前后的对比效果

（1）扫描右侧的二维码，分析可以通过哪些方法将视频调整成怀旧风格。

_____

_____

（2）综合利用本小节所讲知识，尝试将提供的素材（素材位置：技能提升\第6章\怀旧视频.mp4）调整为怀旧风格，增加对各类视频调色效果的认识，提升视频调色能力。

效果示例

6.3 课堂实训

6.3.1 合成手机广告

1. 实训背景

近期某手机公司为了宣传一款新手机，准备制作一个手机广告，用于在互联网的各大平台上进行宣传。要求视频时长在20秒左右，画面效果美观，能体现出手机卖点。

2. 实训思路

（1）规划广告内容。根据公司要求，需要在手机广告中展现出手机屏幕大、色域广、摄影清晰的卖点，因此可以考虑将提供的3个视频素材分别对应到3个卖点中，然后将广告主体——手机放在视频上方，并制作出镂空效果，从手机屏幕中展现视频，让广告更具创意性。

高清视频

（2）处理素材。通过分析视频素材，发现其中的"海洋.mp4"和"森林.mp4"视频素材效果不美观，需要进行调色处理。调色时，可有针对性地进行调色。例如"森林.mp4"视频素材整体偏红，亮度和对比度较高，调色时可减少画面中的红色，增加绿色，降低亮度和对比度，调色前后的对比效果如图6-119所示；"海洋.mp4"视频素材整体偏蓝，亮度较低，调色时可减少画面中的蓝色，提高亮度，调色前后的对比效果如图6-120所示。分析提供的手机素材，可发现该素材中有一个绿幕会遮挡视频，因此可考虑使用"超级键"视频效果将绿幕抠除。

图6-119 "森林.mp4"视频素材调色前后的对比效果　　图6-120 "海洋.mp4"视频素材调色前后的对比效果

（3）添加文字。为了体现广告主题，可在视频中添加介绍手机卖点的文字。添加文字时可考虑为视频背景制作模糊效果，这样可以使文字更加清晰，便于识别。

本实训的参考效果如图6-121所示。

图6-121 手机广告参考效果

素材位置：素材\第6章\日出.mp4、海洋.mp4、森林.mp4、手机模型.png
效果位置：效果\第6章\手机广告.prproj

视频教学：
合成手机广告

3. **步骤提示**

STEP 1 新建一个名为"手机广告"的项目文件，并将需要的素材全部导入"项目"面板。在"项目"面板中将"森林.mp4"视频素材拖曳到"时间轴"面板中，并删除原始音频，然后将时间指示器移动到00:00:09:23处，按【Q】键剪切视频素材。

STEP 2 依次将"Brightness & Contrast"视频效果和"颜色平衡"视频效果拖曳到视频素材中，在"效果控件"面板中调整相应的参数。将时间指示器移动到00:00:02:23处，将"手机模型.png"素材拖曳到V2轨道的时间指示器位置，并设置素材的缩放为"180"。

STEP 3 将"颜色键"视频效果拖曳到V2轨道的素材中，在"效果控件"面板中调整参数，去除手机素材中的绿幕。在"效果控件"面板中激活手机素材的"位置"关键帧，设置位置为"4430，1080"；将时间指示器移动到00:00:05:08处，设置位置为"1149，1080"。

STEP 4 新建一个视频轨道，将V2轨道的素材移动到V4轨道，将V1轨道的视频素材复制到V2轨道。新建一个调整图层，将其拖曳到V3轨道，为调整图层添加"高斯模糊"视频效果，并调整参数。

STEP 5 设置调整图层的入点为00:00:05:08，选择调整图层，在"效果控件"面板中创建一个矩形蒙版，调整矩形蒙版的大小和位置至刚好遮挡手机中的画面，然后反转蒙版。

STEP 6 在当前位置输入文字内容，设置文字字体、大小、位置和字距，并为文字添加"投影"视频效果，在"效果控件"面板中设置参数，然后调整所有素材的出点均为00:00:07:22。

STEP 7 在"项目"面板中复制"森林"序列，然后修改复制序列的名称为"海洋"。打开"海洋"序列，用"项目"面板中的"海洋.mp4"素材替换V1轨道和V2轨道中的素材，然后删除原始音频，设置其缩放均为"118"、出点均为00:00:07:22。

STEP 8 选择V1轨道的视频素材，在"Lumetri颜色"面板中调整参数，并将"Lumetri颜色"视频效果复制到V2轨道的素材中，然后修改V5轨道的文字内容。

STEP 9 复制"森林"序列，然后修改复制序列的名称为"日出"。打开"日出"序列，用"项目"面板中的"日出.mp4"素材替换V1轨道和V2轨道中的素材，删除原始音频，设置其缩放均为"116"、速度均为"200%"、出点均为00:00:07:22，再修改V5轨道的文字内容。

STEP 10 新建一个大小为"1920×1080"、名称为"总序列"、像素长宽比为"方形像素（1.0）"的序列文件，将"森林""海洋""日出"序列依次拖曳到"时间轴"面板中，并设置3个序列的缩放均为"50"。

6.3.2 制作个人旅拍 Vlog 片头

1. **实训背景**

某用户想要将旅行时拍摄的视频制作成一个Vlog，以作纪念，现需要制作一个Vlog片头，要求视频时长在10秒以内，且要具有创意性和美观性。

2. **实训思路**

（1）规划Vlog内容。本实训需要制作个人旅拍Vlog片头，首先可考虑将提供的旅行视频素材作为背景，但视频效果不佳，需要先进行调色处理，然后可考虑为视频制作具有创意的动态效果，最后为视频添加合适的背景音乐和装饰素材，以丰富画面，同时也让Vlog片头更具感染力和吸引力。

（2）调色。由于提供的视频素材并没有出现严重的偏色问题，因此在调色时可使用"Lumetri颜色"面板中的"基本校正"选项对素材进行基础调色，校正视频中光线不足、灰暗的问题。为了让画面呈现出一种明亮、干净的蓝色调氛围，可考虑利用"颜色平衡"视频效果增加画面中阴影、中间调和高光中的蓝色值。调色前后的对比效果如图6-122所示。

图6-122　调色前后的对比效果

（3）制作创意动态效果。为了体现出Vlog片头的创意性，可考虑应用视频效果，例如运用"轨道遮罩键"和"书写"视频效果制作出用镂空笔刷涂抹的效果，再添加主题文字，这样画面不仅美观，也能与视频素材更好地匹配，同时还能突显主题。

高清视频

本实训的参考效果如图6-123所示。

图6-123　个人旅拍Vlog片头参考效果

素材位置： 素材\第6章\个人旅拍.mp4、背景音乐.mp3、装饰.png
效果位置： 效果\第6章\个人旅拍Vlog片头.prproj

视频教学：
制作个人旅拍
Vlog 片头

3．步骤提示

STEP 1 新建一个名为"个人旅拍Vlog片头"的项目文件，并将需要的素材导入"项目"面板，然后将"个人旅拍.mp4"视频素材拖曳到"时间轴"面板中。

STEP 2 在"时间轴"面板中选择"个人旅拍.mp4"视频素材，使用"Lumetri颜色"面板和"颜色平衡"视频效果进行调色。

STEP 3 新建一个调整图层，将其拖曳到V2轨道，调整其时长与V1轨道中的视频素材的时长一致，然后将调整图层嵌套。为V2轨道中的嵌套序列添加"书写"视频效果，在"效果控件"面板中调整画笔至合适的大小，然后利用"画笔位置"关键帧制作笔刷涂抹效果。

STEP 4 将V1轨道和V2轨道中的素材向上移动一个轨道。新建一个白色的颜色遮罩，将其拖曳到V1轨道。为V2轨道中的视频素材添加"轨道遮罩键"视频效果，在"效果控件"面板中设置遮罩为"视频3"。

STEP 5 将时间指示器移动到00:00:03:15处，输入文字，并设置文字字体、大小、位置和间距，在V4轨道的文字素材入点处添加"交叉溶解"视频过渡效果。

STEP 6 将"装饰.png"素材移动到V5轨道的时间指示器位置，调整"缩放"和"位置"参数，然后利用"位置"关键帧制作出自行车从右向左移动的效果。将"背景音乐.mp3"素材拖曳到A1轨道，设置"时间轴"面板中所有素材的出点均为00:00:07:00，最后按【Ctrl+S】组合键保存文件。

6.4 课后练习

练习 1　制作电影感片头视频

某学生拍摄了一段视频，想要将该视频制作成一个具有电影感的片头视频。但是拍摄的视频存在偏色、暗淡等问题，需要先将视频恢复为原本的色调，然后调整画面的亮度、对比度，提升画面的美观性，再利用"裁剪"视频效果制作出电影开幕的效果，并通过键控类抠像效果制作出镂空文字，参考效果如图6-124所示。

高清视频

图6-124　电影感片头视频参考效果

素材位置：素材\第6章\黄昏.mp4

效果位置：效果\第6章\电影感片头视频.prproj

练习 2　制作水墨风格的旅游宣传视频

某古镇准备在旅游节来临之际制作一个水墨风格的旅游宣传视频，以吸引消费者前来旅行。但由于拍摄的视频色彩灰暗、效果不美观，不能达到很好的宣传效果，因此需要先对视频进行调色处理，提高画面的亮度、对比度、高光、饱和度等，然后可考虑利用键控类抠像效果制作出水墨效果，参考效果如图6-125所示。

高清视频

素材位置：素材\第6章\水墨素材.mp4、古镇.mp4、蓝天.mov、水墨背景.jpg、文字.png

效果位置：效果\第6章\水墨风格的旅游宣传视频.prproj

图6-125　水墨风格的旅游宣传视频参考效果

第 **7** 章   创建字幕与图形

字幕是视频的重要组成部分，视频的标题、人物或场景的介绍、不同片段之间的衔接及结束语等都可以通过字幕来展现。图形可以丰富视频的画面效果，增强画面的视觉美感。在编辑视频时，可以将字幕与图形结合起来使用，这样既能传递画面信息，又能使画面更加美观。

▌ 📖 **学习目标**

◎ 掌握创建不同字幕的方法
◎ 掌握图形的绘制与编辑操作方法
◎ 掌握动态图形的制作方法

▌ ◈ **素养目标**

◎ 培养使用不同字幕准确表达画面情感、突显画面主题的能力
◎ 积极探索字幕与图形在视频画面中的结合方式

▌ ◈ **案例展示**

水果主图视频   综艺节目包装效果

创建字幕

可将视频中的字幕理解为文字，文字是传达信息的方式之一，在视频剪辑中必不可少。Premiere支持创建点文字和段落文字，并可以在"基本图形"面板中设置文字的各种属性，以及制作动画效果。

7.1.1 课堂案例——制作"公路旅行"宣传视频

案例说明： 某自驾游胜地需要宣传当地美景，以吸引更多游客前来旅行。现提供与旅行地相关的视频素材，要求以"公路旅行"为主题制作一个宣传视频，在视频中通过文字展现视频主题，视频尺寸为1080像素×1920像素，参考效果如图7-1所示。

知识要点： 输入点文字和段落文字、设置文字参数、为文字添加关键帧。

素材位置： 素材\第7章\公路视频.mp4

效果位置： 效果\第7章\"公路旅行"宣传视频.prproj

高清视频

图7-1 "公路旅行"宣传视频参考效果

其具体操作步骤如下。

STEP 1 新建一个名为"'公路旅行'宣传视频"的项目文件，将需要的素材导入"项目"面板。

STEP 2 新建一个大小为"1080×1920"、像素长宽比为"方形像素（1.0）"的序列文件，然后将"公路视频.mp4"素材拖曳到"时间轴"面板的V1轨道中，在弹出的对话框中单击 保持现有设置 按钮。

STEP 3 选择"垂直文字工具" ，在"节目"面板中单击确定文本输入点，然后输入文字"公路旅行"，如图7-2所示。

STEP 4 选择"选择工具" ，打开"基本图形"面板，在"文本"栏中设置字体为"方正字迹-

视频教学：
制作"公路旅行"
宣传视频

新手书"、文字大小为"250",选中"阴影"复选框,如图7-3所示,为主题文字添加投影效果,使其更加突出。

STEP 5 在"对齐并变换"栏中单击"水平对齐"按钮■,使文字位于画面中心,然后在下方单击"切换动画的不透明度"按钮■,并向左拖曳不透明度滑块,设置文字的不透明度为"0%",如图7-4所示。将时间指示器移动到00:00:01:00处,设置不透明度为"100%"。

图7-2 输入文字　　　　　　图7-3 设置文字　　　　　　图7-4 设置文字的不透明度

STEP 6 选择"文字工具"■,在"节目"面板中单击并拖曳鼠标绘制一个文本框,然后输入段落文字,如图7-5所示。

STEP 7 选择"选择工具"■,在"基本图形"面板中设置字体为"Adobe 黑体 Std"、文字大小为"50",取消选中"阴影"复选框,如图7-6所示。

STEP 8 选择"选择工具"■,向右拖曳文本框右侧的边框,使文字呈一排显示,如图7-7所示。

图7-5 输入段落文字　　　　　图7-6 设置段落文字　　　　　图7-7 调整文本框

STEP 9 将时间指示器移动到00:00:00:00处,在"基本图形"面板中选择段落文字所在的图层,单击"切换动画的位置"按钮▦，设置位置为"374.0，1945.0"；将时间指示器移动到00:00:01:00处，单击"底对齐"按钮▮，此时位置变为"374.0，1795.0"，如图7-8所示。

STEP 10 在"外观"栏中单击填充色块，打开"拾色器"对话框，在"实底"下拉列表中选择"线性渐变"选项，在色度条中选择右侧的色标，在右下角设置颜色值为"#175FB1"（也可以使用颜色值右侧的"吸管工具"▨直接在画面中吸取颜色），如图7-9所示。

STEP 11 在"节目"面板中查看文字效果，如图7-10所示，最后按【Ctrl+S】组合键保存文件。

图7-8　设置文字位置参数

图7-9　设置文字颜色

图7-10　查看文字效果

7.1.2 创建点文字和段落文字

点文字以单击点为参照位置，输入点文字时，无论每行文字的长度为多少，都不会自动换行，需要用户手动换行，比较适合少量文字的排版。段落文字以文本框范围为参照位置，输入段落文字时，每行文字会根据文本框的大小自动换行，比较适合大量文字的排版。在Premiere中，需要先在"时间轴"面板中打开序列，将时间指示器移动至要添加字幕的帧处，然后使用"文字工具"▆或"垂直文字工具"▆在"节目"面板中创建点文字和段落文字。

1. 创建点文字

创建点文字的操作方法：选择相应的文字工具后，在"节目"面板中的任意位置单击，可直接输入点文字，如图7-11所示。输入完成后，按【Ctrl+Enter】组合键（也可直接切换到其他非文字工具）结束文字的输入状态。需要注意的是，输入点文字时，按【Enter】键将换行。

2. 创建段落文字

创建段落文字的操作方法：选择相应的文字工具后，在"节目"面板中单击并拖曳鼠标绘制一个文本框，即可在文本框中输入段落文字，一行排满后将会自动跳转到下一行，如图7-12所示。输入完成后，使用和点文字相同的方法可结束文字的输入。

结束段落文字的输入后，使用"选择工具"▸拖曳文本框四周的控制点，可使文字在调整后的文本框内重新排列，如图7-13所示。

图7-11　输入点文字　　　　图7-12　输入段落文字　　　　图7-13　调整段落文字文本框

7.1.3　应用"基本图形"面板

Premiere中的"基本图形"面板提供了强大的字幕创建功能，既可以使用字体、颜色和样式等参数来自定义字幕，又可以创建矢量图形和动画，因此，应用"基本图形"面板是使用Premiere进行视频剪辑的重要操作。

应用"基本图形"面板需要先打开"基本图形"面板，其操作方法：切换到"字幕和图形"工作区，在工作区右侧即可看到"基本图形"面板（默认情况下）；也可以选择【窗口】/【基本图形】命令，或在"时间轴"面板中双击轨道中的图形文件（包含了文字和形状的组合文件）来打开"基本图形"面板，如图7-14所示（选择文字与选择图形后的"基本图形"面板有所不同，这里以选择文字后的"基本图形"面板为例）。

图7-14　"基本图形"面板

"基本图形"面板中包含了"浏览"和"编辑"两个选项卡。在"浏览"选项卡中可浏览Adobe Stock中的动态图形模板（扩展名为".mogrt"的文件），并且还能将这些经过了专业设计的模板拖到自己的"时间轴"面板中进行自定义。在"编辑"选项卡中可以对齐和变换图层、更改外观、编辑文字、添加动画关键帧等，下面主要对"编辑"选项卡中的各项功能进行介绍。

1. **图层窗格**

与Photoshop中的图层相似，在Premiere的图层窗格中可以进行新建图层、新建图层组、打开和关闭图层、修改图层名称等操作。

- 新建图层：单击"新建图层"按钮，在打开的下拉菜单中选择"文本""直排文字""矩形""椭圆"等命令可以创建相应的文本和形状图层；选择"来自文件"命令，可打开"导入"对话框，将图像、视频、音频等多种文件导入"基本图形"面板中。直接将"项目"面板中的视频或图像素材拖曳到"基本图形"面板的图层窗格中（要先确保"时间轴"面板中的图形文件处于选中状态），会自动创建一个剪辑图层。图7-15所示为不同类型的图层。

△ **提示**

除了文本、形状和剪辑图层外，若为"时间轴"面板中的图形文件添加了视频效果，则图层窗格中还会出现该视频效果相应的效果图层。

疑难解答

创建多个图层时，为什么所有图层在"时间轴"面板中都显示在同一个轨道的图形文件内？

Premiere 序列中的单个图形文件内可以包含多个图层。当创建新图层时，"时间轴"面板中会自动添加包含该图层的图形文件，且图形文件的入点位于时间指示器所在位置；若在创建图层时已经在"时间轴"面板中选中了图形文件，则创建的下一个图层将被添加到现有的图形文件中。

- 新建图层组：单击"创建组"按钮，将自动创建一个新图层组，然后可将图层窗格中的图层拖曳到图层组中。在"基本图形"面板的图层窗格中选择多个图层，然后单击"创建组"按钮（或单击鼠标右键，在弹出的下拉列表框中选择"创建组"命令），这些图层将自动进入一个新的图层组中，如图7-16所示。若要取消图层分组，则可先选择图层，然后将其从图层组中拖出。

图7-15　不同类型的图层

图7-16　新建图层组

- 打开和关闭图层：单击图层左侧的按钮可关闭图层，该按钮将变为状态，单击按钮可打开图层。
- 修改图层名称：在"基本图形"面板中选中图层（除文本图层外的其余图层）后，单击图层名称（若没有选中图层，则需要双击图层名称），可在激活的文本框中重新编辑图层名称。需要注意的是，修改图层名称对文本图层不起作用，因为文本图层的名称是"节目"面板中显示的文字。

2. 响应式设计-位置

通过"响应式设计-位置"栏可以让当前活动图层自动适应所选图层，产生位置、旋转、缩放等变换。

其操作方法：在图层窗格中选择要使其响应另一图层变化的图层（这里选择形状图层），并将其作为子级图层；在"响应式设计-位置"栏的"固定到"下拉列表中选择作为当前所选图层固定目标的图层（这里选择"蓝色"文本图层），并将其作为父级图层。在右侧的图表中选择子级图层固定的边缘（这里选择"左侧"和"右侧"），如图7-17所示，然后在"节目"面板中增加文字，图层形状将跟随文字发生变化，前后对比效果如图7-18所示。

图7-17　选择子级图层固定的边缘　　　图7-18　自动适应所选图层前后的对比效果

3. 对齐并变换

在Premiere中，可通过对齐图层的相关按钮快速调整图层内容，实现图像间的精确移动。其中，"垂直居中对齐"按钮 和"水平居中对齐"按钮 用于将图层对齐到视频帧，而其他按钮可用于多个图层间的对齐与分布。需要注意的是，水平或垂直分布图层需要选择3个或3个以上的图层，否则"水平均匀分布"按钮 和"垂直均匀分布"按钮 将被禁用。

在"对齐并变换"栏中可以看到"切换动画的位置"按钮 、"切换动画的锚点"按钮 、"切换动画的比例"按钮 、"切换动画的旋转"按钮 和"切换动画的不透明度"按钮 默认呈灰色显示，单击后按钮将变为蓝色，表示已经激活，可以设置关键帧。这些按钮的作用与"效果控件"面板中的"切换动画"按钮 的作用相同，可以调整图层的位置、锚点、缩放、旋转、不透明度等变换属性。

其操作方法：在"基本图形"面板的图层窗格中选择需要添加关键帧的图层，在"对齐并变换"栏中单击按钮（这里以"切换动画的位置"按钮 为例），如图7-19所示。激活该按钮后，将时间指示器移动到需要变换的位置，然后在激活的按钮右侧调整位置参数，如图7-20所示。

图7-19　单击"切换动画的位置"按钮　　　图7-20　调整位置参数

4. 样式

为了提高字幕的创建效率，可以将字体、颜色和大小等文字属性定义为样式，然后将其应用到项目中的其他文本图层中。

（1）创建样式

创建样式操作方法：在图层窗格中选择文本图层，并根据对字体、大小和外观的要求设置样式，然后在"样式"下拉列表中选择"创建样式"选项，如图7-21所示，在打开的"新建文本样式"对话框中命名文本样式，然后单击 确定 按钮，如图7-22所示。

（2）应用样式

创建样式后，该样式将显示在"基本图形"面板中的"样式"下拉列表中，同时，样式也将被添加到"项目"面板中，如图7-23所示。若将样式文件从"项目"面板中拖曳到"时间轴"面板中的图形文件上，则将同时为该图形文件中的所有文本图层应用特定样式；若在图层窗格中选择某文本图层，则可将单个文本图层更新为特定样式；若要删除样式，则可直接在"项目"面板中删除。

图7-21 选择"创建样式"选项

图7-22 命名文本样式

图7-23 在"项目"面板中查看样式

5. 文本

在"文本"栏中可设置字幕的格式，包括字体、大小、字距等，如图7-24所示。

- 字体样式：用于设置字体的样式，如常规、斜体、粗体和细体。
- 大小：可拖曳滑块设置所需的文字大小，也可直接输入文字大小的值，值越大，文字越大。
- 文本对齐方式：从左到右依次为左对齐、居中对齐、右对齐、最后一行左对齐、最后一行居中对齐、对齐、最后一行右对

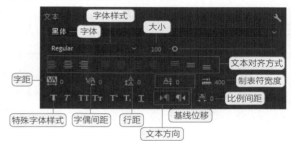

图7-24 "文本"栏

齐、顶对齐文本、居中对齐文本垂直、底对齐文本。左对齐可以使段落文字左边缘强制对齐；居中对齐可以使段落文字中间强制对齐；右对齐可以使段落文字右边缘强制对齐；最后一行左对齐可以使段落最后一行文字左对齐，其他行文字两端将和文本框强制对齐；最后一行居中对齐可以使段落最后一行文字居中对齐，其他行文字两端将强制对齐；对齐可以使段落文字两端强制对齐；最后一行右对齐可以使段落最后一行文字右对齐，其他行文字两端将强制对齐；顶对齐文本可以使段落文字与文本框顶部强制对齐；居中对齐文本垂直可以使段落文字垂直居中于文本框中；底对齐文本可以使段落文字与文本框底部强制对齐。

- 字距：可指定所选字符的间距。
- 字偶间距：可以使用度量标准字偶间距或视觉字偶间距来自动微调文字的间距。
- 行距：用于设置文字的行间距。设置的值越大，行间距越大；值越小，行间距越小。
- 基线位移：用于设置文字的基线位移量，输入正数文字将往上移，输入负数文字将往下移。
- 制表符宽度：按【Tab】键所占的宽度。
- 特殊字体样式：从左向右依次为仿粗体、仿斜体、全部大写字母（用于将小写字母转化为大写字母）、小型大写字母（用于将小写字母转化为小型大写字母）、上标、下标、下划线。
- 文本方向：用于设置段落文字从左到右或从右到左的排列方式。

● 比例间距：用于以百分比的方式设置两个字符之间的间距。

6. 外观

在"外观"栏中可调整文字的外观属性，如文字的填充颜色、描边颜色和宽度、背景、阴影、文本蒙版（可使该图层以外的所有内容透明显示，并显示其下方的所有图层）。其操作方法也较为简单，只需选中相应外观属性左侧的复选框，然后调整激活的相关参数即可。单击"描边"或"阴影"参数右侧的 ➕ 按钮还可为文字添加多个描边或阴影（添加后单击 ➖ 按钮可将其移除），如图7-25所示。

另外，单击"外观"栏右侧的"图形属性"按钮 🔧，将打开"图形属性"对话框，如图7-26所示，在其中可以设置描边样式和背景样式。

图7-25　添加描边　　　　　　　图7-26　"图形属性"对话框

🔔 **提示**

除了可以在"基本图形"面板中设置文字的参数外，还可以在"效果控件"面板中的"图形"选项中展开"文本"栏，在其中的"源文本"栏中设置文字的字体、颜色、描边、大小、字距参数，在"变换"栏中添加位置、缩放、旋转等关键帧，为文字制作动态效果。

7.1.4　课堂案例——为"美食制作视频"添加语音识别字幕

案例说明： 某美食博主拍摄了一段美食制作视频，并同步录制了一段美食制作过程的音频介绍，现需要根据音频介绍为视频添加字幕，要求字幕与音频介绍完全匹配。由于字幕比较多，因此为了提高制作速度，可考虑使用Premiere Pro 2022的语言识别功能快速添加字幕，参考效果如图7-27所示。

高清视频

图7-27　添加语音识别字幕参考效果

视频教学：
为"美食制作视
频"添加语音识
别字幕

知识要点：自动转录文本、设置文本参数。

素材位置：素材\第7章\美食制作视频.mp4、美食制作音频.mp3

效果位置：效果\第7章\美食制作视频字幕.prproj

其具体操作步骤如下。

STEP 1　新建一个名为"美食制作视频字幕"的项目文件，将需要的视频和音频素材导入"项目"面板，然后将"美食制作视频.mp4"素材拖曳到"时间轴"面板中。

STEP 2　将"美食制作音频.mp3"素材拖曳到A1轨道，打开"文本"面板，在"转录文本"选项卡中单击 创建转录 按钮，打开"创建转录文本"对话框，在"音轨正常"下拉列表中选择"音频1"选项，在"语言"下拉列表中选择"简体中文"选项，然后单击 转录 按钮，如图7-28所示。

STEP 3　Premiere将开始转录，待转录完成后，在"文本"面板的"转录文本"选项卡中会显示转录后的字幕，单击 创建说明性字幕 按钮，如图7-29所示。

图7-28　创建转录文本

图7-29　查看转录字幕

> **提示**
>
> 若需重新转录文本，则可在"转录文本"选项卡右侧单击█按钮，在打开的下拉菜单中选择"重新转录序列"命令。

STEP 4　打开"创建字幕"对话框，如图7-30所示，保持默认设置，然后单击 创建 按钮。

STEP 5　此时创建的字幕将会自动添加到"时间轴"面板中的C1副标题轨道中，如图7-31所示。

STEP 6　在"节目"面板中预览视频，发现"节目"面板中的文字描述与画面内容不一致，如图7-32所示，因此，还需要对字幕进行编辑。

STEP 7　打开"文本"面板，在"字幕"选项卡中双击第1段字幕，然后在激活的文本框中修改内容为"准备土豆、胡萝卜、洋葱、大葱、姜、蒜"（可根据画面内容来判断字幕内容是否正确）。使用相同的方法修改第2段字幕为"将鸡肉切成小块，加入盐、料酒和胡椒粉"。

STEP 8　在00:00:02:03位置剪切V1轨道中的视频素材，设置第1段视频的速度为45%，减慢该段视频的速度，增加画面显示时长，使其与音频对应，然后将第1段字幕的入点移动到视频的开始位置，再将这段字幕的出点移动到对应的画面结束处（此处为00:00:04:20）。

STEP 9 在00:00:12:10位置剪切V1轨道中的视频素材，设置第2段视频的速度为150%，使这段视频的入点紧接上一段视频，设置出点为00:00:09:06，将第2段字幕的入点与出点调整至与第2段视频一致。

图7-30 "创建字幕"对话框　　图7-31 添加字幕到C1副标题轨道　　图7-32 预览效果

STEP 10 由于第3段字幕包含了下一个视频中的字幕，因此需要对第3段字幕进行拆分。在"文本"面板中先修改第3段字幕的错别字，然后单击"拆分字幕"按钮，此时字幕将被拆分为两段，如图7-33所示。

STEP 11 在"文本"面板中选择第3段字幕，将其中的"，姜、鸡肉、姜、蒜"文字删除，然后在00:00:14:13位置剪切V1轨道中的视频素材，设置第3段视频的出点为00:00:11:26，将第3段字幕的入点与出点调整至与第3段视频一致。

STEP 12 选择第4段和第5段字幕，单击"合并字幕"按钮，此时字幕将被合并为一段，然后修改第4段字幕如图7-34所示。

图7-33 拆分字幕　　　　　　　　　　图7-34 合并字幕

STEP 13 在00:00:21:04位置剪切V1轨道中的视频素材，使第4段视频的入点紧接上一段视频，设置第4段视频的出点为00:00:18:05，将第4段字幕的入点与出点调整至与第4段视频一致。

STEP 14 修改第5段字幕内容为"起锅烧油，油热后放入葱、姜、蒜爆香"。在00:00:27:16位置剪切V1轨道中的视频素材，设置第5段视频的出点为00:00:22:04，将第5段字幕的入点与出点调整至与第5段视频一致。

STEP 15 删除第6段字幕内容中的句号。在00:00:46:17位置剪切V1轨道中的视频素材，设置第6段视频的速度为400%，设置第6段视频的出点为00:00:26:03，将第6段字幕的入点与出点调整至与第6段视频一致。

STEP 16 删除第7段字幕内容中的逗号。在00:00:34:02位置剪切V1轨道中的视频素材，设置第7段视频的出点为00:00:29:18，将第7段字幕的入点与出点调整至与第7段视频一致。

STEP 17 修改第8段字幕内容中的"高温"为"刚好"，然后删除"，水开后放入咖喱"文字。在00:00:40:26位置剪切V1轨道中的视频素材，设置第8段视频的速度为300%，设置第8段视频的出点为00:00:33:19，将第8段字幕的入点与出点调整至与第8段视频一致。

STEP 18 修改第9段字幕内容为"水开后放入咖喱"。在00:00:47:21位置剪切V1轨道中的视频素材，设置第9段视频的速度为300%，设置第9段视频的出点为00:00:34:10，将第9段字幕的入点与出点调整至与第9段视频一致。

STEP 19 在"文本"面板中选择第9段字幕，单击鼠标右键，在弹出的下拉列表框中选择"在之后添加字幕"命令，如图7-35所示，新建第10段空白字幕。

STEP 20 修改第10段字幕内容为"食材煮熟后大火收汁，盛出装盘，咖喱香气非常浓郁"。设置第10段视频的速度为150%，将第10段字幕的出点调整至与整段音频的出点一致。在"时间轴"面板中可看到视频、字幕、音频时长一致，如图7-36所示。

STEP 21 在"时间轴"面板中选择C1轨道中的所有字幕，打开"基本图形"面板，在"文本"栏中设置字体为"黑体"，在"外观"栏中取消选中"阴影"复选框，选中"背景"复选框，并设置背景的不透明度为"60%"、大小为"20"，如图7-37所示，最后按【Ctrl+S】组合键保存文件。

图7-35　添加空白字幕框

图7-36　视频、字幕、音频时长一致

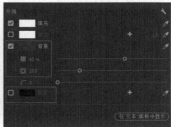

图7-37　调整字幕背景

7.1.5 自动转录和添加字幕

Premiere Pro 2022支持语音转录文本，可以通过包含音频的序列生成转录文本，并将转录文本添加为字幕，从而提高大量字幕的制作速度。

1. 自动转录字幕

自动转录字幕时可以先创建转录文本，然后对转录文本进行简单编辑。

（1）创建转录文本

在"时间轴"面板中添加包含音频的序列，在"文本"面板的"转录文本"选项卡中单击 创建转录 按钮（或在"字幕"选项卡中单击 转录序列 按钮），打开"创建转录文本"对话框，如图7-38所示。

图7-38 "创建转录文本"对话框

- 音频分析：若在"基本声音"面板中设置了音频类型为"对话"，则可在该对话框中选中"标记为'对话'的音频剪辑"单选项以进行转录；若是普通音频，则可从特定音轨中选择音频并转录。

- 语言：选择音频所用的语言。

- 仅转录从入点到出点：如果音频中已标记入点和出点，则可以指定Premiere转录该范围内的音频。

- 将输出与现有转录合并：在特定入点和出点之间进行转录时，可以将自动转录文本插入现有转录文本中，选择此复选框可使现有转录文本和新转录文本连续。

- 识别不同说话者说话的时间：如果音频中有多个说话者，则可选中该复选框，启用人声识别功能。

在"创建转录文本"对话框中设置完成后，单击 转录 按钮。Premiere将开始转录并在"文本"面板的"转录文本"选项卡中显示结果，如图7-39所示，双击字幕可修改其中的文本。

（2）编辑发言者

单击左侧的"未知"图标，在打开的下拉菜单中选择"编辑发言者"命令，在打开的"编辑发言者"对话框中，单击"编辑"图标 可以更改发言者的名称，如图7-40所示。若要添加新发言者，则可单击 +添加发言者 按钮并更改名称，最后单击 保存 按钮。

图7-39 查看字幕转录结果

图7-40 更改发言者的名称

（3）查找和替换转录中的文本

在"转录文本"选项卡左上角的搜索框中输入搜索词，会突出显示搜索词在转录文本中的所有实例，如图7-41所示。单击"向上"按钮 和"向下"按钮 可浏览搜索词的所有实例。单击"替换"按钮 并输入替换文本后，若仅替换搜索词的选定实例，则可单击 替换 按钮；若要替换搜索词的所有实例，则可单击 全部替换 按钮，如图7-42所示。

图7-41 突出显示搜索词

图7-42 替换搜索词的所有实例

（4）拆分和合并转录文本

在"转录文本"选项卡中单击"拆分区段"按钮，可将所选文本在选中位置分段；单击"合并区段"按钮，可将所选文本合并为一段。

2. 添加字幕

若对转录文本满意，则可将其转换为"时间轴"面板中的字幕，然后可在字幕轨道中像编辑其他视频轨道一样对字幕进行编辑。其操作方法为：编辑转录文本后，在"转录文本"选项卡中单击 创建说明性字幕 按钮，打开"创建字幕"对话框，如图7-43所示。

"创建字幕"对话框中部分选项的介绍如下。

● 从序列转录创建：若需要使用序列转录文本创建字幕，则可选中该单选项（默认处于选中状态）。

● 创建空白轨道：若需要手动添加字幕或将现有扩展名为".srt"的字幕文件导入"时间轴"面板，则可选中该单选项。

● 字幕预设：保持默认的"字幕默认设置"选项。

● 格式：保持默认的"字幕"选项。

● 样式：若在"基本图形"面板中保存了文本样式，则可在该下拉列表中选择需要的样式。

● 最大长度（以字符为单位）、最短持续时间（以秒为单位）和字幕之间的间隔（帧）：用于设置每行字幕的最大字符数和最短持续时间，以及字幕之间的间隔。

● 行数：用于选择字幕的行数。

图7-43 "创建字幕"对话框

设置完成后，在"创建字幕"对话框中单击 创建 按钮，Premiere会创建字幕并将其添加到"时间轴"面板的字幕轨道中，同时与音频中的语音节奏保持一致。

3. 编辑字幕

创建字幕后，可在"文本"面板的"字幕"选项卡中查看所有字幕，并使用与"转录文本"选项卡中相同的方法修改、查找、替换、拆分和合并字幕等。单击"字幕"选项卡右侧的 按钮，在打开的下拉菜单中可选择导出字幕的不同格式。选择字幕块，单击鼠标右键，在弹出的下拉列表框中选择相应命令，可进行删除字幕、在不同位置新建空白字幕等操作。

4. 设置字幕样式

在"时间轴"面板中选择添加的字幕后，可使用"基本图形"面板中的各种样式属性（如字体、大小和位置）来设置字幕样式。

7.1.6 手动添加字幕

除了可以将音频自动转录为文本，然后添加字幕外，还可以手动添加字幕，主要有以下两种方式。

（1）添加空白字幕

如果序列较短、字幕内容不多或者不需要音频转录，则可以选择添加空白字幕，然后手动输入文字。

其操作方法为：在"文本"面板的"字幕"选项卡中单击 创建新字幕轨 按钮，打开"新字幕轨道"对话框，如图7-44所示，在其中可以选择字幕轨道格式和样式（一般保持默认设置），然后单击 确定 按钮。在"文本"面板中单击"添加新字幕分段"按钮 以添加空白字幕，在"文本"面板或"节目"面板中双击"新建字幕"文字，可输入字幕。若要继续添加字幕，则可将时间指示器移动到需要添加字幕的位置，继续以相同的方式添加空白字幕。

图7-44 "新字幕轨道"对话框

（2）导入字幕文件

如果已经有外部字幕文件（格式为SRT），则可直接将其导入Premiere的"项目"面板中，然后将字幕文件从"项目"面板拖曳到序列中，并将其放置在序列的任意位置，Premiere会自动新建一个字幕轨道，并将字幕放置在字幕轨道上；也可在"文本"面板的"字幕"选项卡中单击 从文件导入说明性字幕 按钮，打开"导入"对话框，在其中选择需导入的字幕文件。

技能提升

不同画面、内容和风格的视频，其字体选择也会有所不同，选择合适的字体可以增强视频画面的视觉效果，使视频信息得到更好的展现与传达。图7-45所示为某广告视频的截图。请上网搜索与字体类型相关的知识，了解常见的字体类型，思考问题并回答以下问题。

图7-45 某广告视频的截图

（1）图7-45中的字幕应用了哪些字体？这些字体对视频的风格有什么影响？

_____

_____

（2）利用提供的素材（素材位置：技能提升\第7章\电影片头.mp4），结合本节所讲知识，为视频添加字幕，设置合适的字体，并说明为什么要设置这种字体。

效果示例

_____

7.2 创建图形

在Premiere中不仅可以创建文字字幕，还可以创建图形并对图形进行编辑，添加关键帧制作动态效果。

7.2.1 课堂案例——制作人物出场介绍

案例说明：现有一个人物出场视频，需要为该视频中的人物制作出场介绍字幕条，要求画面效果美观，动画效果自然。但由于视频画面灰暗、偏黄，因此需要先对该视频进行后期调色处理，增强视频的美观性，然后绘制图形、输入文字，并为其添加动画效果，参考效果如图7-46所示。

高清视频

图7-46　人物出场介绍参考效果

知识要点：绘制和编辑图形、制作动态图形动画。

素材位置：素材\第7章\人物出场.mp4

效果位置：效果\第7章\人物出场介绍.prproj

其具体操作步骤如下。

视频教学：
制作人物出场
介绍

STEP 1 新建一个名为"人物出场介绍"的项目文件，将"人物出场.mp4"素材导入"项目"面板，然后将其拖曳到"时间轴"面板中。

STEP 2 此时可看到人物素材的色彩暗淡、画面不美观，需对其进行调色处理。打开"Lumetri颜色"面板，设置色温为"-30"、曝光为"0.5"、对比度为"30"、阴影为"-20"、饱和度为"130"，调色前后的对比效果如图7-47所示。

STEP 3 选择"矩形工具" ■，在"节目"面板中绘制一个矩形，在"基本图形"面板中设置矩形宽为"250"、高为"80"、角半径为"200"、填充为"#63A4C4"，如图7-48所示。

图7-47　调色前后的对比效果 　　　　　　　　　　**图7-48　设置矩形属性**

STEP 4 通过调整矩形的"角半径"参数，将矩形调整为一个圆角矩形。在"基本图形"面板中的"对齐并变换"栏中设置"旋转"为"-50"、"切换动画的锚点"为"217，63.5"，将图形锚点移动

到图形的中心位置，然后单击"切换动画的比例"按钮 ⊡，并设置参数为"30"，将时间指示器移动到
00:00:02:05处，设置"切换动画的比例"参数为"100"。

> 🔔 **提示**
>
> 　　将矩形转化为圆角矩形，除了可以在"基本图形"面板中调整"角半径"参数外，还可以在
> "节目"面板中使用"选择工具" ▶ 选择矩形，然后通过拖曳矩形4个角周围的白色圆点 ⊙ 调整角
> 半径值。

STEP 5 在图层窗格中选择"形状 01"图层，按【Ctrl+C】组合键复制图层，按【Ctrl+V】组
合键粘贴图层，修改复制的图层的名称为"形状 02"，修改复制的形状的颜色为"#FCD670"、宽为
"280"、高为"100"、位置为"274，885.5"。

STEP 6 在图层窗格中选择"形状 02"图层，打开"效果控件"面板，在"图形"选项中展开
"形状（形状 02）"栏，选择"变换"栏中的两个"缩放"关键帧，调整其位置，如图7-49所示。

STEP 7 再复制一个圆角矩形，修改复制的图层的名称为"形状 03"，修改复制的形状的颜色为
"白色"、宽和高均为"160"、位置为"272，867.5"，使用同样的方法调整该形状中"缩放"关键帧
的位置，如图7-50所示。

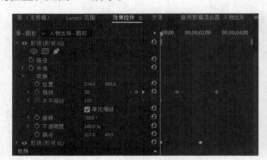

图7-49　调整关键帧的位置

图7-50　再次调整关键帧的位置

STEP 8 在"时间轴"面板中将V2轨道的图形文件的出点调整到与视频一致，然后复制3个圆形，
调整为不同的大小、颜色，并放在不同的位置，效果如图7-51所示。

STEP 9 在"基本图形"面板中将步骤8复制的3个圆形所在的图层放在一个图层组中，如图7-52
所示。

STEP 10 在"节目"面板中再绘制两个宽为"617"、高为"110"的矩形，然后调整矩形的位置、
颜色，如图7-53所示。

图7-51　查看效果

图7-52　新建图层组

图7-53　调整矩形的位置与颜色

STEP 11 选择白色矩形，在"基本图形"面板的"外观"栏中选中"形状蒙版"复选框，然后在
"节目"面板中将矩形向上移动至消失，效果如图7-54所示。

STEP 12 在"对齐并变换"栏中单击"切换动画的位置"按钮 ，激活位置关键帧，然后将时间指示器移动到00:00:07:23处，在"节目"面板中将矩形向下移动至出现，如图7-55所示。

STEP 13 使用"文字工具" 输入文字，在"基本图形"面板中设置字体为"汉仪大黑简"、大小为"60"，并调整文字的位置，如图7-56所示。

图7-54 上移矩形

图7-55 下移矩形

图7-56 调整文字的位置

STEP 14 将时间指示器移动到视频的开始位置，在图层窗格中选择文本图层，在"对齐并变换"栏中设置不透明度为"0%"；将时间指示器移动到00:00:05:29处，单击"切换动画的不透明度"按钮 ；将时间指示器移动到00:00:07:23处，设置不透明度为"100%"。最后按【Ctrl+S】组合键保存文件。

7.2.2 绘制与编辑图形

在Premiere中可以创建与编辑图形，以丰富视频中元素的展现方式。图形常用于制作字幕条或图形动画。

创建图形可以分为两种类型。

一种是创建规则图形，只需在"工具"面板中选择相应的图形绘制工具，如"矩形工具" 、"椭圆工具" 、"多边形工具" ，然后在"节目"面板中拖曳绘制形状即可。按住【Shift】键，可等比例绘制图形；按住【Alt】键，可以按从中心向外的方式绘制图形。

另一种是创建不规则图形，需要在"工具"面板中选择"钢笔工具" ，然后在"节目"面板中通过单击并拖曳鼠标，以绘制出任意形状的图形，常用操作有以下4种。

- 绘制直线段：选择"钢笔工具" ，在"节目"面板中的合适位置单击建立控制点，然后移动鼠标指针至新的位置，再次单击可以建立新的控制点，此时会出现一条连接两个控制点的直线段，如图7-57所示。

- 绘制曲线：选择"钢笔工具" ，在"节目"面板中建立第1个控制点，然后移动鼠标指针至新的位置，单击建立第2个控制点并拖曳鼠标，使直线段变为曲线，如图7-58所示，此时控制点上将会出现控制手柄，拖曳控制手柄可调整曲线的弧度，如图7-59所示。

- 闭合路径：在绘制不规则图形时，经常需要创建多个控制点，将鼠标指针移动到创建的第1个控制点上时，鼠标指针将变为 形状，单击可闭合路径，创建出一个完整的图形。

- 添加和移动控制点：在绘制不规则图形时，将鼠标指针移动到一段闭合路径上，当鼠标指针变为 形状时，单击可添加控制点，此时鼠标指针将变为 形状，单击即可选中控制点（选中的控制点处于实心状态，未选中的控制点处于空心状态），按住鼠标左键拖曳可移动控制点。

在Premiere中绘制图形之后，通过"基本图形"面板中的"对齐并变换"栏和"外观"栏可设置形状的大小、位置、不透明度等参数，以及填充、描边、形状蒙版、阴影等外观参数，其方法与设置文字的方法类似。

图7-57　绘制直线段

图7-58　绘制曲线

图7-59　调整曲线的弧度

7.2.3　制作动态图形

将形状与文本结合可以创建一个图形文件，在Premiere中除了可以为图形文件内的形状图层、文本图层、剪辑图层应用"响应式设计-位置"功能外，还可以为整个图形文件应用"响应式设计-时间"功能，以制作出动态图形。

其操作方法：选择"时间轴"面板中轨道上的图形文件（需确保在"基本图形"面板的图层窗格中未选中任何单个图层），"基本图形"面板的"编辑"选项卡中将会出现"响应式设计-时间"栏，如图7-60所示，其中包含了两个方面的操作。

（1）保留开场和结尾动画

在"开场持续时间"数值框和"结尾持续时间"数值框中可设置剪辑的开始和结束位置，在"效果控件"面板中可看到这个时间范围内的关键帧被灰色部分覆盖了，如图7-61所示。当图形文件的总体持续时间发生变化时，只会影响没有被灰色部分覆盖到的区域，从而保证图形的开场和结尾动画不会受到影响。

（2）创建滚动动画

选中"结尾持续时间"数值框下方的"滚动"复选框，可以为视频中的图形创建垂直的滚动效果，其操作方法为：选中"滚动"复选框，将会出现与"滚动"复选框相关的各项参数，如图7-62所示。此时"节目"面板右侧会出现一个透明的蓝色滚动条，拖曳滚动条，即可预览滚动效果。

图7-60　"响应式设计-时间"栏

图7-61　关键帧被灰色部分覆盖

图7-62　选中"滚动"复选框

- "启动屏幕外"复选框：选中该复选框，可以使图形滚动效果从屏幕外开始。
- "结束屏幕外"复选框：选中该复选框，可以使图形滚动效果到屏幕外结束。
- 预卷：用于设置在动作开始之前使图形静止不动的帧数。
- 过卷：如果希望在动作结束后图形静止不动，则可在该数值框中输入数值，以设置图形在动作结束之后静止不动的帧数。

- 缓入：用于设置图形滚动的速度逐渐加快到正常播放速度，在该数值框中输入加速过渡的帧数，可让滚动速度慢慢变快。
- 缓出：用于设置图形滚动的速度逐渐变慢直至图形静止不动，在该数值框中输入减速过渡的帧数，可让滚动速度慢慢变慢。

7.2.4　应用、导入和管理动态图形模板

为了便于用户简单高效地应用动态图形，Premiere提供了动态图形模板。该模板是一种可以在 After Effects或Premiere中创建的文件，可被重复使用或分享，文件扩展名为".mogrt"。

1. 动态图形模板的应用

在"基本图形"面板中单击"浏览"选项卡，在"我的模板"模板中可以浏览Premiere提供的动态图形模板，如图7-63所示。

选择动态图形模板，将其拖曳到序列的视频轨道中，即可应用该模板。在应用Premiere的动态图形模板后，可以在"编辑"选项卡中调整动态图形模板的参数，使其更符合实际需求，如图7-64所示。

图7-63　浏览默认的动态图形模板

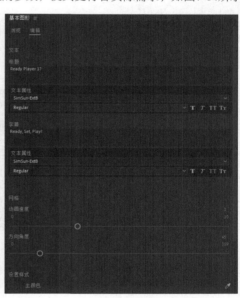

图7-64　调整动态图形模板的参数

> **提示**
>
> 　如果需要替换某个动态图形模板中的字体，则可以选择该模板，然后选择【图形和标题】/【替换项目中的字体】命令，打开"替换项目中的字体"对话框，在该对话框中选择需要被替换的字体并单击  确定 按钮。

2. 动态图形模板的导入

在Premiere中还可以导入外部的动态图形模板，以实现更丰富、更精彩的图形效果，其操作方法较

为简单，并且，在导入时还可以选择导入单个动态图形模板或导入整个动态图形模板文件夹。

（1）导入单个动态图形模板

单击"基本图形"面板中"浏览"选项卡底部的"安装动态图形模板"按钮 ，在打开的"打开"对话框中选择扩展名为".mogrt"的模板文件，导入完成后，该模板将会被添加到本地模板文件夹中。或者直接将需要的动态图形模板文件拖曳到"基本图形"面板的"浏览"选项卡中，当出现"复制"文字时释放鼠标左键即可导入模板，如图7-65所示。

（2）导入整个动态图形模板文件夹

如果需要导入的动态图形模板很多，则可以选择导入整个动态图形模板文件夹。其操作方法：单击"基本图形"面板名称右侧的 按钮，在弹出的下拉菜单中选择"管理更多文件夹"命令，打开"管理更多文件夹"对话框，单击 添加 按钮，打开"选择文件夹"对话框，在其中选择需要的动态图形模板文件夹，按【Enter】键确认，然后在"管理更多文件夹"对话框中单击 确定 按钮，如图7-66所示。

图7-65　拖曳导入单个动态图形模板

图7-66　导入整个动态图形模板文件夹

3. 动态图形模板的管理

选择动态图形模板，单击鼠标右键，可在弹出的下拉列表框中选择相关的命令对模板进行重命名、复制、删除、同步缺失的字体等操作。

🔗 资源链接

在"基本图形"面板中除了可以创建和编辑字幕外，还可以创建旧版标题字幕，在"字幕设计器"对话框中对字幕与图形进行编辑和修饰，但由于Premiere的下一个版本（23.0版）将不再支持创建旧版标题字幕，因此这里不过多介绍旧版标题字幕的相关知识。扫描右侧的二维码可查看旧版标题字幕的详细介绍。

扫码看详情

动态图形除了可运用在视频中外，还可用于制作一些比较简单的MG（Motion Graphics，运动图形）动画。MG动画融合了平面图形设计、动画运动规律和电影视听语言，通过扁平化、极简的方式来表达内容，表现形式丰富多样。图7-67所示为一个企业宣传片MG动画的截图。请扫描二维码查看完整视频，分析视频并完成以下练习。

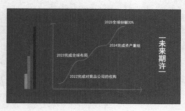

高清视频

图7-67　企业宣传片MG动画的截图

（1）视频中的动态图形是如何体现的？可以用到本节讲解的哪些知识点来完成该效果？

效果示例

（2）综合利用本节所学知识，尝试制作一个旅行网站动态标志，要求绘制出静态图形后，还要使用视频效果制作出动态效果。

7.3 课堂实训

7.3.1 制作水果主图视频

1. 实训背景

某农村电商商家为了提高自家水果的销量，在采摘地拍摄了一个主播现场采摘水果的宣传视频，并打算将其发布在淘宝店铺中。现需要将其制作成一个主图视频，要求将视频中主播在现场说的话作为视频的主要字幕，同时还要添加一些卖点文字。

2. 实训思路

（1）语音识别字幕。通过分析视频素材，发现视频中有商家的原声音频，为了快速匹配字幕与视频画面，可先使用语言识别功能将视频中的音频转录为文本，然后将转录文本添加到视频中作为字幕。在转录文本后，若发现转录的文本有错别字，则可先修改文本中的错别字，再将转录的文本添加到视频中作为字幕，并调整字幕的分段，使视频画面与字幕匹配。

高清视频

（2）添加卖点文字。为了提高水果的销量，还可以在视频中添加与水果相关的卖点文字，并为卖点文字添加一些图形，增强卖点文字的显示效果和美观性。

本实训的参考效果如图7-68所示。

图7-68　参考效果

素材位置： 素材\第7章\水果视频.mp4

效果位置： 效果\第7章\水果主图视频.prproj

👉 设计素养

　　主图视频主要以视频的形式补充展示商品，通常显示在商品页面的第一张主图之前。建议主图视频的分辨率大于720P，视频比例可为1：1、16：9或3：4，视频大小不超过300MB，视频时长小于60秒，建议在30秒以内。

3. 步骤提示

STEP 1　新建一个名为"水果主图视频"的项目文件，并将"水果视频.mp4"素材文件导入"项目"面板，然后将其拖曳到"时间轴"面板中，再自动转录"音频1"音频文件。

STEP 2　修改转录后的文字，拆分字幕，并修改字幕的入点和出点，使每段字幕都匹配到对应的视频画面。

STEP 3　选择所有字幕，在"基本图形"面板中设置字幕的字体、大小和位置。

STEP 4　将时间指示器移动到视频的开始位置，绘制一个圆角矩形并调整其位置。

STEP 5　复制该圆角矩形，修改复制的圆角矩形的形状并调整其位置，然后在两个圆角矩形中输入文字，并设置文字的字体、大小和位置。

STEP 6　设置V2轨道中图形文件的出点至与整个视频一致，然后按【Ctrl+S】组合键保存文件。

视频教学：
制作水果主图
视频

7.3.2　制作综艺节目包装效果

1. 实训背景

某旅行综艺节目需要制作一个节目包装效果，要求在所提供的素材的基础上制作下期预告视频，营造出活泼、轻松的氛围。

2．实训思路

（1）分析视频素材。查看提供的两个视频素材，根据视频内容，可将"背景.mp4"视频作为整个节目包装的背景，将"冲浪.mp4"视频作为节目包装的主要内容。

（2）为视频添加装饰。为了让画面更加丰富，可以通过形状蒙版将"冲浪.mp4"视频设置为圆角矩形形状，并添加一些渐变边框、装饰图形等元素。同时，为了让"冲浪.mp4"视频的出现显得不那么突兀，可考虑添加合适的视频过渡效果。

高清视频

（3）添加主题文字。为了体现出综艺节目的主题，可考虑在画面中添加不同的主题文字，可以将这些主题文字与图形结合，也可以为这些主题文字添加描边、阴影等效果，这样不仅能丰富画面，也能使文字信息的展现与传达更为突出。

本实训的参考效果如图7-69所示。

图7-69　综艺节目包装参考效果

素材位置： 素材\第7章\背景.mp4、冲浪.mp4

效果位置： 效果\第7章\综艺节目包装效果.prproj

视频教学：
制作综艺节目包
装效果

3．步骤提示

STEP 1 　新建一个名为"综艺节目包装效果"的项目文件，将需要的视频素材导入"项目"面板，将"背景.mp4"素材拖曳到"时间轴"面板中，并调整视频的速度。

STEP 2 　移动时间指示器到合适的位置，在"节目"面板中绘制一个圆角矩形，将"项目"面板中的"冲浪.mp4"视频拖曳到"基本图形"面板的图层窗格中，使其位于形状图层下方。

STEP 3 　在图层窗格中选择"冲浪"图层，缩小视频；选择形状图层，创建形状蒙版。

STEP 4 　不选择任何素材，在V3轨道中绘制一个白色矩形框，为该矩形框添加一个"四色渐变"视频效果，并在"效果控件"面板中调整相应的参数。

STEP 5 　在矩形框的左上角绘制一个圆形，设置线性渐变的填充颜色，然后在圆形内绘制一个白色的三角形，并旋转三角形。

STEP 6 　在V2轨道的图形文件的入点位置添加"圆划像"视频过渡效果。

STEP 7 　移动时间指示器到合适的位置，在"节目"面板中绘制一个矩形。复制矩形，调整第1个矩形的颜色和宽度，在矩形中输入文字，并设置文字的字体和大小。

STEP 8 　为V4轨道中的素材添加"快速模糊入点"预设效果。移动时间指示器到合适的位置，然后输入文字，并设置文字的字体、描边、阴影等。

STEP 9 　选择V5轨道的文字，绘制一个刚好遮罩文字的矩形，通过形状蒙版制作文字出现动画。设置所有素材的出点均为00:00:05:16，然后按【Ctrl+S】组合键保存文件。

7.4

课后练习

练习 1 制作肉食产品宣传视频

　　某商家需要制作一个肉食产品宣传视频，要求将视频中主播的音频制作成字幕，同时，字幕与画面内容要尽量匹配，并且还要在视频中通过应用和修改动态图形模板制作视频标题，参考效果如图7-70所示。

高清视频

　　素材位置：素材\第7章\牛肉卷视频.mp4

　　效果位置：效果\第7章\肉食产品宣传视频.prproj

图7-70　肉食产品宣传视频参考效果

练习 2 制作新闻栏目包装

　　某电视台为了满足大众需要，打造了一个"都市新闻"栏目。为了突出该栏目的特色，现需要制作一个栏目包装，要求先对提供的视频进行调色，提高美观性，再将其应用到栏目包装中，并且最终效果要醒目、简洁、特点突出，参考效果如图7-71所示。

高清视频

　　素材位置：素材\第7章\背景视频.mp4、新闻音乐.mp3

　　效果位置：效果\第7章\新闻栏目包装.prproj

图7-71　新闻栏目包装参考效果

第  章

音频处理与效果应用

　　音频、图像和视频有机地结合在一起，共同承载着创作者想要表达的思想和情感。Premiere提供了强大的音频编辑功能，在制作的视频中添加并编辑音频，可以直接表达或间接传递视频信息，丰富视频的视听效果。

📖 学习目标

　　◎ 掌握音频的常规处理方法
　　◎ 掌握音频效果和音频过渡效果的应用

♢ 素养目标

　　◎ 提高对音频处理的学习兴趣
　　◎ 探索音频效果在不同视频中的应用场景

◈ 案例展示

为"风景"视频添加合适的音频

8.1 音频的常规处理

音频的常规处理主要是指利用音轨混合器、音频剪辑混合器与"基本声音"面板调整音频音量、制作混合音频效果。

8.1.1 课堂案例——优化"课件录音"音频效果

案例说明： 某教师录制了一段"课件录音"音频，现需要为音频添加一段背景音乐，使其能够应用到教室的多媒体设备中，供学生上课学习。由于"课件录音"音频存在音量大小不一致的问题，因此需要先在"基本声音"面板中使音频音量一致，然后添加背景音乐，并且要求在人声出现时背景音乐减弱，再为音频添加在"大厅"环境中播放的效果。

知识要点： "基本声音"面板、音频剪辑混合器的运用。

素材位置： 素材\第8章\课件录音素材.mp3、背景音乐.mp3

效果位置： 效果\第8章\课件录音.prproj

其具体操作步骤如下。

STEP 1 新建一个名为"课件录音"的项目文件，切换到"音频"工作区，并将"课件录音素材.mp3""背景音乐.mp3"素材文件导入"项目"面板。

视频教学：
优化"课件录音"
音频效果

STEP 2 将"课件录音素材.mp3"素材拖曳到A1轨道，试听音频，发现音频在00:00:11:20处音量突然增大，导致音频素材前后的音量有非常明显的差别，因此需要先统一音频音量。打开"基本声音"面板，单击"对话"按钮，在"响度"栏中单击 自动匹配 按钮，统一响度级别，此时Premiere会将自动匹配到的响度级别（单位为LUFS）显示在 自动匹配 按钮下方，如图8-1所示。

STEP 3 将"背景音乐.mp3"素材拖曳到A2轨道，将时间指示器移到00:01:00:00处，使用"剃刀工具" 剪辑A2轨道中的音频素材，并删除素材的后半部分，使两个音频素材的时长一致。

STEP 4 试听音频，发现A2轨道中的音频音量过大，音频仪表的上半部分已显示为红色，因此需要降低音量。打开"音频剪辑混合器"面板，向下拖曳A2轨道中的音量调节滑块到"-10"的位置，降低音量，如图8-2所示。

STEP 5 选择A2轨道中的音频素材，在"基本声音"面板中单击"音乐"按钮，选中"回避"复选框，设置其中的各项参数后单击 生成关键帧 按钮，如图8-3所示。

STEP 6 试听音频素材的效果，在"音轨混合器"面板中可发现在人声（A1轨道）出现时背景音乐（A2轨道）音量降低，在人声未出现时背景音乐音量升高，前后的对比效果如图8-4所示。

STEP 7 继续试听音频，发现有时A1轨道和A2轨道中的音频素材的音量会出现持平的现象，表示背景音乐和人声的音量几乎相同，这样会出现听不清人声的情况，因此还需要将背景音乐的音量整体降低。选择A2轨道中的音频素材，在"基本声音"面板的"剪辑音量"栏中选中"级别"复选框，并设置级别为"-11.7"。

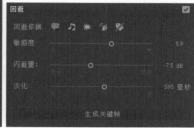

图8-1　自动匹配响度　　　　图8-2　拖曳音量调节滑块　　　　图8-3　设置参数

STEP 8 接下来为人声添加在"大厅"环境中播放的效果。选择A1轨道中的音频素材，在"基本声音"面板中单击"对话"按钮，然后展开"创意"栏，在"预设"下拉列表中选择"大厅"选项，为人声添加在"大厅"环境中播放的效果。

STEP 9 按空格键在"节目"面板中试听音频效果，在"时间轴"面板右侧的音频仪表中可以看到当前音频轨道中音频素材的音量大小，如图8-5所示，按【Ctrl+S】组合键保存文件。

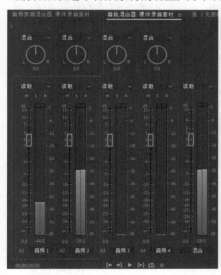

图8-4　前后的对比效果　　　　　　　　图8-5　查看音量大小

🔔 **提示**

音频仪表主要用于监控当前音频轨道中音频素材的音量大小。当音量大于0时，可以听到声音；当音量小于0时，将无法听到声音。此外，若音频仪表的上半部分显示为红色，则表示音量较大。

8.1.2 认识音轨混合器与音频剪辑混合器

在Premiere中编辑音频时，可切换到"音频"工作区，此时可看到"音轨混合器"面板与"音频剪辑混合器"面板，这两个面板中的音轨混合器与音频剪辑混合器是Premiere中专门用于处理音频的工具，结合运用二者，可以创造出各种混音效果。

1. 音轨混合器

选择【窗口】/【音轨混合器】命令可打开"音轨混合器"面板，在其中可看到音轨混合器，如图8-6所示。通过"显示/隐藏效果与发送"按钮可为音频轨道添加各种音频特效，通过"左/右平衡"旋钮组可控制单声道的级别，通过"自动模式"下拉列表可选择不同的音频控制方法，通过音量调节滑块可调整各声道的音量，通过播放控制栏可控制音频的播放状态。

2. 音频剪辑混合器

选择【窗口】/【音频剪辑混合器】命令可打开"音频剪辑混合器"面板，在其中可看到音频剪辑混合器，如图8-7所示。音频剪辑混合器可以用于对音频轨道中的音频素材进行音量的调控，其中每条混合轨道与"时间轴"面板中的音频轨道相对应，但"时间轴"面板中没有混合音频轨道。

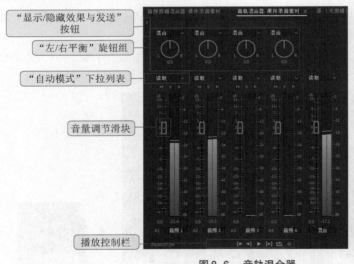

图8-6 音轨混合器

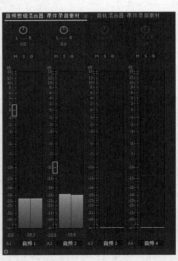

图8-7 音频剪辑混合器

⚡ 资源链接

除了以上介绍的基础知识外，音轨混合器中的各部分在Premiere中的更多用法可扫描右侧的二维码查看。

扫码看详情

8.1.3 运用"基本声音"面板

"基本声音"面板提供了混合音频和修复音频的一整套工具，适用于帮助用户完成常见的音频混合任务，如快速统一多段音频音量、修复声音、提高清晰度及添加特殊效果等，从而使混合音频快速达到专业混音的效果。切换到"音频"工作区后，在工作区右侧可直接看到"基本声音"面板，或者选择【窗口】/【基本声音】命令也可打开"基本声音"面板，如图8-8所示。

在"基本声音"面板中，Premiere将音频类型分为"对话""音乐""SFX""环境"4种。可以在"基本声音"面板的"预设"下拉列表中选择不同音频类型的多种预设效果，如图8-9所示；也可以在选择一种音频类型后，在其中的"预设"下拉列表中选择预设效果。

1. 对话

单击"对话"按钮，将打开"对话"模块，在其中可设置与"对话"相关的参数，如图8-10所示。在"对话"模块中可以通过"响度"栏让所有内容具有统一的初始响度；通过"修复"栏消除或降低声音中的各种杂音，如隆隆声、嗡嗡声、锯齿音等；通过"透明度"栏提高对话轨道声音的清晰度，以达到突出强调的效果；通过"创意"栏中的创意预设将处理后的人声快速应用到特定场景，如房间、大厅等，使音频与视频融为一体。

图8-8　"基本声音"面板　　　　图8-9　选择预设效果

图8-10　"对话"模块

2. 音乐

单击"音乐"按钮，将打开"音乐"模块，在其中可设置与"音乐"相关的参数，如图8-11所示。在"音乐"模块中同样可以自动匹配响度，同时"音乐"模块中还具有音乐变速和自动回避功能。

音乐变速功能包括两个方面。一是选中"持续时间"复选框，选中"伸缩"单选项，然后修改持续时间，可实时增加或减少音乐的时长（这样操作可能会导致音频节奏发生变化）。该操作常用于调整音频长度以匹配视频长度。二是选中"重新混合"单选项（默认选项），可运用重新混合技术来分析音频，并据此创建一个包含潜在编辑点和交叉点的系统，然后重组音频的各个片段，以便创作出可高度匹配目标持续时间的新音频。

自动回避功能是指选中"回避"复选框，在其中设置相应的参数后，可根据另一个音频的音量来降低本音频的音量。其中，"回避依据"选项用于选择要回避的音频内容类型，"敏感度"用于调整回避触发的阈值，"闪避量"用于设置背景音乐回避时音量的高低，"淡化"用于控制回避触发时音量的调整速度。

3. SFX（Sound Effects 音响效果）

单击"SFX"按钮，将打开"SFX"模块，在其中可设置与"SFX"相关的参数，如图8-12所示。在"SFX"模块中不仅可以与在"对话"模块中一样设置"响度"和"创意"，还可以进行声像调整。其操作方法为：为音频素材应用"SFX"后，在"创意"栏中可以选择一种适用于既定环境的混响预设，在"平移"栏中可以设置使声音匹配视频的发声位置，如左侧、右侧。

4. 环境

单击"环境"按钮，将打开"环境"模块，在其中可设置与"环境"相关的参数，如图8-13所示。在"环境"模块中与在"SFX"模块中一样，都可以设置"响度"和"创意"，但"SFX"通常用于设置视频中的某个动作或与事件相关联的较短声音片段，而"环境"则更多是与整体环境和位置有关，不一定对应视频中某个具体事件或对象，因此，"环境"常用于提高现场感，如田野上的风声、森林中的鸟叫声等，营造出环境氛围感。其中，"立体声宽度"栏可用于调整左右声道之间的差距，让音频听起来更宽广或狭窄。

图8-11　"音乐"模块

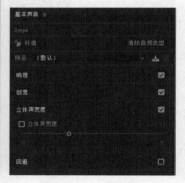

图8-12　"SFX"模块　　　　图8-13　"环境"模块

🔔 **提示**

　　"基本声音"面板中的音频类型是互斥的，也就是说，为某个音频选择一个音频类型后，若想使用另一个音频类型，则需要单击 清除音频类型 按钮，取消对该音频所做的调整。

8.1.4 调节音频音量

在Premiere中调节音频的音量有多种方法，比如前面已经讲解过的通过"音频剪辑混合器"面板和"音轨混合器"面板来调节音量，而下面主要讲解如何在"时间轴"面板和"效果控件"面板中调节音量。

1. 在"时间轴"面板中调节音量

添加音频素材后，在"时间轴"面板中放大音频轨道，单击音频轨道中的"显示关键帧"按钮，在弹出的下拉菜单中选择【轨道关键帧】/【音量】命令，音频轨道中将会出现一条白色的线，使用"选择工具"向上拖曳白线可升高音量，向下拖曳白线可降低音量，如图8-14所示。

2. 在"效果控件"面板中调节音量

在"时间轴"面板中选择音频素材后，在"效果控件"面板中展开"音频"选项中的"音量"栏，可通过设置"级别"参数值来调节所选音频素材的音量大小，如图8-15所示。

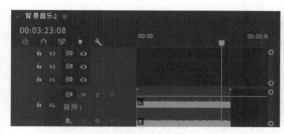

图8-14　在"时间轴"面板中调节音量

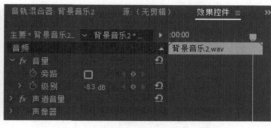

图8-15　在"效果控件"面板中调节音量

与视频轨道一样，在音频轨道中也可以通过"时间轴"面板和"效果控件"面板添加和删除关键帧，从而可在Premiere中轻松实现音量的淡入淡出效果，以增加音频的多样性。

8.2
音频效果和音频过渡效果的应用

8.2.1　课堂案例——消除视频中的音频噪声

案例说明： 某烧烤店商家录制了一段烧烤视频，但由于拍摄环境比较嘈杂，导致视频中出现了噪声，现需要去除视频中的噪声，尽量恢复视频原本的声音。

知识要点： "降噪""减少混响"音频效果的应用。

素材位置： 素材\第8章\烧烤视频.mp4

效果位置： 效果\第8章\消除视频中的音频噪声.prproj

其具体操作步骤如下。

视频教学：
消除视频中的音
频噪声

STEP 1 新建一个名为"消除视频中的音频噪声"的项目文件，切换到"音频"工作区，并将"烧烤视频.mp4"素材文件导入"项目"面板，然后将其拖曳到"时间轴"面板中。

STEP 2 选择A1轨道中的音频，在"效果"面板中选择"降噪"音频效果，如图8-16所示，然后将其拖曳到A1轨道。

STEP 3 按空格键试听音频，发现大部分噪声已被消除，但仍有小部分噪声。选择A1轨道中的音频，打开"效果控件"面板，在"降噪"栏中单击　　编辑　　按钮，打开编辑框，在"预设"下拉列表中选择"强降噪"选项，设置数量为"50%"，如图8-17所示。

STEP 4 单击编辑框右上角的"关闭"按钮**×**关闭编辑框。试听音频，发现音频中还有一些嗡鸣声，可在"效果"面板中选择"减少混响"音频效果，将其拖曳到A1轨道。按空格键试听音频效果，合适后按【Ctrl+S】组合键保存文件。

图8-16 选择"降噪"音频效果

图8-17 在编辑框设置

8.2.2 课堂案例——为"森林"视频制作山谷回音音效

案例说明： 某旅行博主拍摄了一段森林视频，并在网上下载了一段山谷鸟叫的音频。为了提高视频的吸引力，现要求将音频素材添加到视频素材中作为背景音乐，并根据视频画面的内容为音频素材制作山谷回音音效。

知识要点： "延迟"音频效果和"恒定功率"音频过渡效果的应用。

素材位置： 素材\第8章\山谷音频素材.wma、森林.mp4

效果位置： 效果\第8章\回音音效.prproj

其具体操作步骤如下。

视频教学：
为"森林"视频
制作山谷回音
音效

STEP 1 新建一个名为"回音音效"的项目文件，将"山谷音频素材.wma""森林.mp4"素材文件导入"项目"面板，将"森林.mp4"素材拖到"时间轴"面板中，将"山谷音频素材.wma"素材拖曳到A1轨道。

STEP 2 试听音频，可发现该音频前一段为鸟叫声，后一段为音乐，因此需要剪切音频。在00:00:03:00位置剪切A1轨道中的音频素材，然后删除后半段音频。

STEP 3 选择V1轨道中的视频，选择【剪辑】/【速度/持续时间】命令，打开"剪辑速度/持续时间"对话框，在其中设置速度为200%。由于画面镜头转移的速度较慢，因此这里需使用同样的方法设置A1轨道中音频素材的速度为50%，减慢音频速度。

STEP 4 将视频的出点调整为与音频的出点一致，如图8-18所示。在"效果"面板中展开"音频效果"文件夹，选择"延迟"音频效果，将其添加至A1轨道的第1段音频中。选择第1段音频，在"效果控件"面板中设置"延迟"栏的参数，如图8-19所示。

STEP 5 试听音频，可发现音频的开始和结束较为突兀，因此需要在音频素材的首尾处添加音频过渡效果，使音频之间的衔接更加柔和、自然。在"效果"面板中展开"音频过渡"文件夹，选择"交叉淡化"文件夹中的"恒定功率"音频过渡效果，将其添加至音频素材的开始和结束位置，如图8-20所示，最后按【Ctrl+S】组合键保存文件。

图8-18　调整视频的出点　　图8-19　设置"延迟"栏的参数　　图8-20　添加音频过渡效果

8.2.3　常见的音频效果详解

为音频添加音频效果的方法与应用视频效果类似。在"效果"面板中展开"音频效果"文件夹，将其中的音频效果拖曳到音频轨道上需要应用音频效果的音频素材上。添加音频效果后，可以采用与设置视频效果相同的方法来编辑音频效果，如使用关键帧控制效果、设置效果的参数等。Premiere提供了多种音频效果，这里主要介绍常用的8种类型。

- "延迟"音频效果：将音频推迟一定时间后再叠加到原声上，常用于制作回声音效。
- "低音"音频效果：降低音频中的低音部分音量，突出音频的低音效果，让整个音频更有质感。
- "参数均衡器"音频效果：将音频分为7段频率（包括上限、5个中区、下限），可在频谱坐标中进行精细调整，以增大或减小中心频率附近的音频频率。
- "高音"音频效果：可以调整音频中的高音部分，使音频变得更加高亢、嘹亮。
- "降噪"音频效果：可以对各种噪声进行降低或消除处理。
- "减少混响"音频效果：可以对各种混响进行降低或消除处理。
- "室内混响"音频效果：可以模拟出类似于在房间内播放音频的效果，营造出空间感。
- "音高换挡器"音频效果：可以制作出音频变速不变调的效果，常用于制作人声变声音效。

8.2.4　常见的音频过渡效果详解

在"效果"面板中展开"音频过渡"文件夹，可在展开的列表中看到"交叉淡化"效果组。该效果组中的音频过渡效果主要用于制作两个音频素材间的流畅切换效果，可放在音频素材之前创建音频淡入的效果，或放在音频素材之后创建音频淡出的效果。该效果组一共包含3种音频过渡效果。

- "恒定功率"音频过渡效果：默认的音频过渡效果，它可以使音频产生类似于淡入和淡出的效果，没有任何参数。
- "恒定增益"音频过渡效果：该音频过渡效果可以用于创建精确的淡入和淡出效果，没有任何参数。
- "指数淡化"音频过渡效果：该音频过渡效果可以用于创建不对称的交叉指数型曲线来使声音淡入和淡出，没有任何参数。

8.3 课堂实训

8.3.1 为"风景"视频添加合适的音频

1. 实训背景

不同类型的视频具有不同的主题内容和情绪节奏。现提供一个"风景"视频，要求从风格、内容等角度深度分析视频画面中的所有内容，然后编辑音频，使音频更加贴合视频氛围。

2. 实训思路

（1）分析视频画面。视频画面如图8-21所示，从图中可以看出，视频在室外空旷处拍摄，因此可以考虑为音频添加混响或者回音之类的音效。

图8-21 视频画面

（2）丰富音频效果。可考虑为音频制作渐入渐出的过渡效果，让音频与视频融合得更加自然。

素材位置： 素材\第8章\风景.mp4、旅行音乐.mp3

效果位置： 效果\第8章\为"风景"视频添加合适的音频.prproj

3. 步骤提示

STEP 1 新建一个名为"为'风景'视频添加合适的音频"的项目文件，并将需要的素材文件导入"项目"面板中，然后将视频素材拖曳到"时间轴"面板，将音频素材拖曳到A1轨道，并使音频的出点与视频的出点一致。

STEP 2 选择A1轨道中的素材，在"基本声音"面板中单击"环境"按钮，设置其中的参数，在"音轨混合器"面板中增加音频音量，然后在音频素材的入点和出点处添加"恒定增益"音频过渡效果，最后按【Ctrl+S】组合键保存文件。

视频教学：
为"风景"视频
添加合适的音频

8.3.2 为"行李箱"视频中的音频制作变声特效

1. 实训背景

某博主录制了一个"行李箱"视频，准备将其发布到社交平台中，以吸引消费者购买行李箱。为了提高视频的吸引力，要求为其中的音频制作变声特效，使处理后的音频无噪声，且变声效果明显。

2. 实训思路

（1）分析素材。预览视频画面，如图8-22所示，同时试听"行李箱"视频中的音频，发现音频中有噪声，人物声音较小，因此可考虑在"基本声音"面板中消除视频中的杂音，并适当增强人声。

图8-22 视频画面

（2）选择音频效果。由于本实训是为"行李箱"视频中的音频制作变声特效，因此可考虑使用"音高换挡器"音频效果。

素材位置： 素材\第8章\行李箱视频.mp4

效果位置： 效果\第8章\为"行李箱"视频中的音频制作变声特效.prproj

3. **步骤提示**

STEP 1 新建一个名为"为'行李箱'视频中的音频制作变声特效"的项目文件，并将"行李箱视频.mp4"素材导入"项目"面板，然后将其拖曳到"时间轴"面板中。

STEP 2 选择音频素材，在"基本声音"面板中单击"对话"按钮，设置其中的参数，然后为音频添加"音高换挡器"音频效果，并在"效果控件"面板中调整参数，最后按【Ctrl+S】组合键保存文件。

视频教学：
为"行李箱"视频中的音频制作变声特效

8.4
课后练习

练习 1 为视频更换合适的背景音乐

某人拍摄了一个"萌宠"视频，想要将其发布到社交平台中，以吸引更多人观看。由于视频中的原始音频比较嘈杂，不适合作为背景音乐，因此需要为该视频更换合适的背景音乐，并且对背景音乐进行简单的处理，使音频效果更加自然。

素材位置： 素材\第8章\萌宠音频.mp3、萌宠.wmv

效果位置： 效果\第8章\为视频更换合适的背景音乐.prproj

练习 2 美化视频中的背景音乐

现有一个视频素材，由于该视频中的背景音乐的噪声较大，会影响视频的观感，因此需要对素材中的音频素材进行美化处理。制作时，可以先将视频中的音频调整至合适的音量，然后使用不同的方式去除音频中的噪声。

素材位置： 素材\第8章\噪声视频.mp4

效果位置： 效果\第8章\美化视频中的背景音乐.prproj

第 **9** 章 渲染与导出文件

在Premiere中对视频进行剪辑、调色等操作和为视频添加特效、文字等内容后，还需要将这些效果固定合成。这个操作过程即视频渲染。渲染视频后，若需要在其他网站上查看视频，就必须对其进行导出，将其保存为方便观看的格式。

▌ 📖 **学习目标**
- ◎ 掌握渲染文件的方法
- ◎ 掌握不同格式文件的导出方法

▌ ◇ **素养目标**
- ◎ 提高对文件的归纳与整理能力
- ◎ 养成良好的保存文件的习惯

▌ ◈ **案例展示**

输出二十四节气展示 GIF 动图

9.1
渲染文件

在Premiere中编辑视频时，若为视频添加了各种效果，则此后预览时视频可能会变得较为卡顿，因此可以对视频文件进行渲染，使视频流畅，提高最终视频的输出速度，从而节约时间。在渲染文件时，可根据自身需要选择不同的渲染方式，以提高渲染速度。

9.1.1 选择渲染方式

单击"序列"菜单，在下拉菜单中可以看到不同的渲染命令，如图9-1所示，每一种渲染命令都是一种渲染方式，可达到不同的效果，在渲染视频时可根据需要进行合理选择。

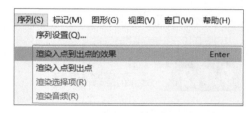

图9-1 渲染命令

- 渲染入点到出点的效果：只渲染视频轨道中入点和出点之间添加了效果的视频片段，适用于由于添加效果导致视频变卡顿的情况。图9-2所示为渲染前与只渲染了两段视频之间的视频过渡效果的对比效果。渲染前，视频过渡效果的渲染条为红色，表示需要渲染才能以全帧速率实时回放的未渲染部分，预览时会非常卡顿；而渲染后，视频过渡效果的渲染条会变为绿色，表示已经生成了渲染文件，预览时会非常流畅。

图9-2 渲染前后的对比效果

- 渲染入点到出点：渲染入点到出点之间的完整视频片段。图9-3所示为渲染前和渲染入点到出点之间的视频片段的对比效果。渲染前，整段视频的渲染条为黄色，表示无需渲染即能以全帧速率实时回放的未渲染部分，预览时会有些卡顿；而渲染后，整段视频的渲染条将变为绿色，表示已经生成了渲染文件，预览时会非常流畅。

（a）黄色　　　　　　　　　　　　　　（b）绿色

图9-3 渲染前和渲染入点到出点之间的视频片段的对比效果

> **🔔 提示**
>
> 　　渲染入点到出点之间的视频时，可根据需要在"时间轴"面板中重新确定视频的入点和出点，然后只对选择的这一段视频进行渲染；也可以保持默认渲染范围，对整个视频进行渲染。

- 渲染选择项：渲染在"时间轴"面板中选中的视频或音频部分。
- 渲染音频：渲染位于工作区域内的音频轨道部分的预览文件。

> **🔔 提示**
>
> 　　默认情况下，在渲染"时间轴"面板中的视频部分时，Premiere不会渲染音频部分。此时可以更改此默认设置，使Premiere在渲染视频时自动渲染对应的音频。其操作方法：选择【编辑】/【首选项】/【音频】命令，在打开的"首选项"对话框中选中"渲染视频时渲染音频"复选框（若不需要可取消选中），完成后按【Enter】键确认更改。

9.1.2　提高渲染速度

在渲染文件时，可能会遇到渲染卡顿的问题，通过以下3种方式可以解决。

1. 设置渲染文件的暂存位置

由于Premiere在渲染时会生成渲染文件，因此为了提高渲染速度，可以选择空间较大的本地硬盘来暂存渲染文件。其操作方法：选择【文件】/【项目设置】/【暂存盘】命令，打开"项目设置"对话框，单击"视频预览"和"音频预览"选项右侧的 浏览 按钮，在打开的对话框中设置文件的暂存位置。

2. 清除缓存文件

在Premiere中渲染文件时，如果计算机中没有太多空间，则会由于内存不足而阻碍其他硬件加速，从而影响文件的渲染速度，因此可通过清除缓存文件来提高渲染速度。其操作方法：选择【编辑】/【首选项】/【媒体缓存】命令，打开"首选项"对话框，单击 删除 按钮，根据提示删除缓存文件，或者单击 浏览 按钮，将缓存文件重新保存到一个内存较大的硬盘中。

3. 开启GPU加速

选择【文件】/【项目设置】/【常规】命令，打开"项目设置"对话框，在"渲染程序"下拉列表中选择"Mercury Playback Engine GPU Acceleration"选项，开启GPU加速。

9.2
导出文件

导出视频是指将编辑完成的视频导出为需要的格式，在导出时，可以选择导出范围，以及导出为视频、音频、序列图片、单帧图片或GIF动图等。

9.2.1 课堂案例——导出和打包产品宣传广告

案例说明：某公司员工在Premiere中制作了一个产品宣传广告，现需要将完成后的广告导出为MP4格式的文件，便于发给领导查看；同时，为了防止后期修改项目文件时发生素材丢失的情况，还需将项目文件打包成工程文件。

知识要点：导出MP4格式的文件和打包项目文件。

素材位置：素材\第9章\枸杞商品短视频.prproj

效果位置：效果\第9章\枸杞商品广告.mp4、\已复制_枸杞商品短视频\

其具体操作步骤如下。

视频教学：
导出和打包产品
宣传广告

STEP 1 打开"枸杞商品短视频.prproj"项目文件，选择"时间轴"面板，选择【文件】/【导出】/【媒体】命令（或按【Ctrl+M】组合键），打开"导出设置"对话框，在右侧"导出设置"栏下方的"格式"下拉列表中选择"H.264"选项，如图9-4所示。

STEP 2 单击"输出名称"右侧的"枸杞视频素材.mp4"超链接，打开"另存为"对话框，设置文件名为"枸杞商品广告"，单击 保存(S) 按钮。

STEP 3 返回"导出设置"对话框，单击 导出 按钮即可导出视频。

图9-4　选择"H.264"选项

STEP 4 选择【文件】/【项目管理】命令，打开"项目管理器"对话框，在"目标路径"栏中单击 浏览 按钮，打开"请选择生成项目的目标路径"对话框，在其中选择文件的保存路径，单击 确定 按钮即可完成项目文件的打包。

9.2.2 导出文件的常用设置

选择【文件】/【导出】/【媒体】命令，或按【Ctrl+M】组合键，将打开"导出设置"对话框，在打开的对话框中可以设置文件的基本信息。

1. 输出预览

在"导出设置"对话框的左上角单击"源"选项卡，可对视频的左侧、顶部、右侧和底部进行裁剪操作，以及设置裁剪比例；在"导出设置"对话框中间可以预览导出效果；在"导出设置"对话框底部通过"设置入点"按钮▲和"设置出点"按钮▲可将时间指示器设置到文件输出的起始时间点和结束时间点位置，在"源范围"下拉列表中可设置输出文件的范围，如图9-5所示。

2. 导出设置

在"导出设置"对话框右侧的"导出设置"栏中可对文件的格式、保存路径、保存名称、是否导出音频等进行设置，如图9-6所示。

图9-5 输出预览

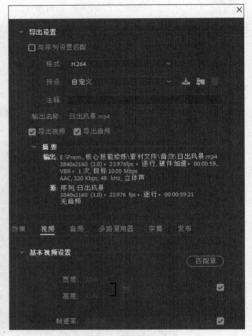

图9-6 "导出设置"栏

"导出设置"栏中部分选项介绍如下。

- "与序列设置匹配"复选框：选中该复选框，Premiere会自动将导出文件的属性与序列进行匹配，且之后"导出设置"栏中的所有选项都将变为灰色状态，用户不能对其进行自定义设置。
- 格式：用于选择需要导出支持的文件格式。
- 预设：用于设置文件的序列预设，即视频的画面大小。
- 输出名称：单击超链接，将打开"另存为"对话框，在其中可以对文件的保存路径和文件名进行自定义设置。
- "导出视频"复选框：选中该复选框，可对选择的视频进行导出；取消选中该复选框，将不会导出视频。
- "导出音频"复选框：选中该复选框，可导出视频中的音频；取消选中该复选框，将不会导出音频。

9.2.3 项目文件的打包

在编辑视频时，一般都会用到视频、音频、图片等多种素材，如果不小心删除了素材，那么在后期修改项目文件时，就可能会出现缺少素材的情况，因此可以将项目中的所有素材放到一个文件夹中，也就是将项目文件打包为工程文件。

在打包项目文件前需要先保存项目文件，然后选择"时间轴"面板，选择【文件】/【项目管理】命令，打开"项目管理器"对话框，如图9-7所示。在"项目管理器"对话框的"序列"栏中选择需要打包的序列，在"目标路径"栏中单击 浏览 按钮，在打开的对话框中选择文件的保存路径并设置文件名，如图9-8所示，按【Enter】键确认，返回"项目管理器"对话框，单击 确定 按钮。

图9-7 "项目管理器"对话框　　　　　图9-8 选择文件的保存路径并设置文件名

9.2.4 导出常用格式的文件

了解导出文件的常用设置后，就可将项目文件导出为需要的格式，下面将介绍5种常用格式文件的导出方法。

1. 导出为视频

在Premiere中将编辑的项目导出为视频文件是常用的导出操作。用户不仅可以通过视频文件直观地查看编辑后的效果，还可以将视频文件发送至可移动设备中进行观看。其操作方法：在"时间轴"面板中选择需要输出的视频序列，打开"导出设置"对话框，在"导出设置"栏的"格式"下拉列表中选择视频格式，完成后单击 导出 按钮。

2. 导出为音频

当只需要保留项目中的音频时，可将其导出为音频文件。导出音频的方法与导出视频的方法类似，只需在"格式"下拉列表中选择音频格式，然后设置相关参数，单击 导出 按钮即可。

3. 导出为序列图片

在Premiere中可以将项目中的内容导出为一张一张的序列图片，即将视频画面的每一帧都导出为一张静态图片。其方法与导出视频和音频的方法类似，只需在打开的"导出设置"对话框中选择导出的格式为图片格式（如PNG、JPEG），然后设置图片的保存路径和名称，保持"视频"选项卡中的"导出为序列"复选框处于选中状态，单击 导出 按钮。

4. 导出为单帧图片

如果需要将项目中时间指示器所处位置的视频画面导出为一张图片，则可以通过"导出设置"对话框或"节目"面板来进行导出。

● 通过"导出设置"对话框进行导出：将时间指示器定位到需要导出单帧图片的位置，选择【文件】/【导出】/【媒体】命令，在打开的对话框中选择一种图片格式，然后取消选中"导出为序列"复选框，单击 导出 按钮。

● 通过"节目"面板进行导出：在"时间轴"面板中将时间指示器移动到需要导出单帧图片的位置，在"节目"面板中单击"导出帧"按钮 ，打开"导出帧"对话框，在"名称"文本框中输入图片的名称，在"格式"下拉列表中选择"JPEG"选项，然后单击 确定 按钮。

5. 导出为GIF动图

导出GIF动图的方法与导出视频的方法类似，不同的是需要在"格式"下拉列表中选择"动画 GIF"格式。

9.3 课堂实训

9.3.1 输出二十四节气展示 GIF 动图

1. 实训背景

二十四节气是我国古代劳动人民智慧的结晶，体现了人与自然之间的特殊时间联系。为了传承我国的优秀传统文化，现需要将提供的素材图片制作为二十四节气展示GIF动图，要求画面切换的节奏紧凑、动效流畅，并添加必要的说明文字。

2. 实训思路

（1）调整图片持续时间。根据实训要求，可考虑将每张图片的持续时间设置为10帧，持续时间过长会导致动画节奏变慢，不利于多张图片的展现。

（2）导出动图。根据实训要求，可考虑在视频中根据每张图片的名称为图片添加相应的文案，以介绍该图片所代表的节气，然后导出GIF动图。

本实训的参考效果如图9-9所示。

   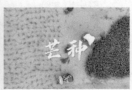

图9-9　二十四节气展示 GIF 动图参考效果

素材位置： 素材\第9章\图片\

效果位置： 效果\第9章\二十四节气展示GIF动图.prproj、二十四节气展示.gif

视频教学：
输出二十四节气
展示 GIF 动图

3. 步骤提示

STEP 1 新建一个名为"二十四节气展示GIF动图"的项目文件，将提供的素材全部导入"项目"面板，然后根据二十四节气顺序依次将素材拖曳到"时间轴"面板中。

STEP 2 在"时间轴"面板中选择所有图片，设置持续时间为"00:00:00:10"。

STEP 3 在V2轨道中输入文字，调整文字的字体、大小、阴影、位置，使文字的持续时长与整个视频一致，通过"源文本"关键帧为每个图片设置不同的文字。

STEP 4 选择"时间轴"面板，按【Ctrl+M】组合键打开"导出设置"对话框，设置格式为"动画GIF"、输出名称为"二十四节气展示"，然后单击 导出 按钮。

9.3.2 渲染输出淘宝主图视频和打包项目文件

1. 实训背景

某淘宝店铺拍摄了一个四件套宣传视频作为该商品的主图视频，现要求将其输出为符合淘宝主图视频要求的尺寸（比例为1：1、16：9或3：4），并打包项目文件。

2. 实训思路

（1）输出视频。在输出视频时，可考虑在"导出设置"对话框左侧将画面裁剪为合适的尺寸，如图9-10所示。

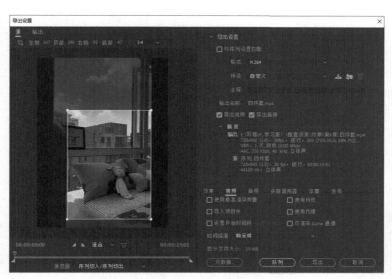

图9-10 裁剪画面至合适的尺寸

（2）打包项目文件。为了保证项目文件中的素材不会缺失，可考虑将最终的项目文件打包成工程文件。

素材位置： 素材\第9章\四件套.mp4

效果位置： 效果\第9章\渲染输出淘宝主图视频和打包项目文件.prproj、四件套淘宝主图视

频.mp4、\已复制_渲染输出淘宝主图视频和打包项目文件\

3. **步骤提示**

视频教学：
渲染输出淘宝主
图视频和打包
文件

STEP 1 新建一个名为"渲染输出淘宝主图视频和打包项目文件"的项目文件，并将"四件套.mp4"素材文件导入"项目"面板，然后将其拖曳到"时间轴"面板中。

STEP 2 选择"时间轴"面板，按【Ctrl+M】组合键打开"导出设置"对话框。在对话框左侧单击"源"选项卡，设置裁剪比例为"3:4"，然后在预览框中按住鼠标左键拖曳裁剪画面；在对话框右侧设置格式为"H.264"、输出名称为"四件套淘宝主图视频"，然后单击 导出 按钮。

STEP 3 选择【文件】/【项目管理】命令，打开"项目管理器"对话框，设置文件的保存路径后单击 确定 按钮。

9.4 课后练习

练习 1 渲染和输出旅行短片音频和图片

现有一个旅行短片，需要将其中的背景音乐单独导出为市面上常用的MP3格式的音频文件，使其能够被发布到各大音乐平台中，以及被运用到更多的视频素材中。同时，为便于传播和分享，还需要将视频中的某一帧单独导出为JPEG格式的图片，以作为封面图。

素材位置： 素材\第9章\旅行短片.mp4

效果位置： 效果\第9章\渲染和输出旅行短片.prproj、短片音频.mp3、短片封面.jpg

练习 2 输出常见格式的视频文件

某商家制作了一个产品展示视频，但由于视频中没有音频，导致视频吸引力不够，现需要为其添加合适的音频，然后再次将其导出为常见的MP4格式的视频文件，便于上传到电商网站中，参考效果如图9-11所示。

图9-11 产品展示视频参考效果

素材位置： 素材\第9章\产品展示.mp4、背景音乐.mp3

效果位置： 效果\第9章\输出常见格式的视频文件.prproj、产品展示视频.mp4

第  章 综合案例

本章将运用前面所讲的知识进行多个应用领域的商业案例的制作，包括广告制作、宣传片制作、节目包装制作、Vlog制作和电商短视频制作等，每个案例都通过案例背景、案例要求提出设计需求，再通过制作步骤对Premiere进行综合应用，从而帮助读者快速掌握使用Premiere设计与制作商业案例的方法。

📖 **学习目标**

◎ 掌握广告、宣传片、节目包装的制作方法

◎ 掌握Vlog和电商短视频的制作方法

◇ **素养目标**

◎ 培养对完整案例的分析与制作能力

◎ 激发对广告、宣传片、节目包装、Vlog和电商短视频的制作兴趣

◈ **案例展示**

"环境保护"公益广告

广告制作——"环境保护"公益广告

10.1.1　案例背景

　　节约能源资源、保护生态环境是社会关注的焦点。随着我国环保事业的不断发展，人们的生态环境保护意识不断增强，为了让更多人意识到环保的重要性，某公益组织决定在"世界环境日"发布一个关于环境保护的公益广告，旨在增强公众的环保意识，帮助公众树立生态价值观和坚守环保理念。

> ☆ 设计素养
>
> 　　公益是公共利益事业的简称，有关社会公众的福祉和利益。公益广告不以营利为目的，旨在为社会提供免费的服务，如防火防盗、垃圾分类、敬老爱幼、环境保护等均属于公益广告的内容。因此，在制作公益广告时，要注意两点要求：一是主题鲜明，在选择公益广告的主题时应具有针对性，主题要与社会公众的切身感受密切相关，这样才能引起公众关注，产生社会效果；二是公益广告要具有号召力和感染力，要让公众深刻意识到公益广告的内容与主题，从中得到警示与启发，最终实现公益广告的目的。

10.1.2　案例要求

　　为更好地完成"环境保护"公益广告的制作，需要遵循以下要求。

　　（1）本例提供了10个视频素材和1个音频素材，由于视频素材较多，内容较为混乱，因此，在制作时要对这些视频素材进行分类，一类是与环境保护相关的，另一类是与环境污染相关的，并且需对这两组视频进行重命名，相同名称的视频的内容要相互对应，例如"环境污染"文件夹中的浪费水资源的相关视频的名称为"1"，则"环境保护"文件夹中倡导节约水资源的相关视频的名称也为"1"。

　　（2）本例提供的视频素材的时长都比较长，因此，在制作公益广告时，要使用恰当的剪切方法（例如使用"剃刀工具" ◤、入点和出点、快捷键等）剪切视频素材。

　　（3）制作时，要在公益广告的片头添加引导人们保护环境的文字，如"环境保护　从我做起"，以及世界环境日文字。在公益广告正片的不同位置添加与视频内容契合的文字内容。例如在与环境污染相关的视频中通过文字描述该类环境污染所造成的严重后果，以引起人们的重视和反思；在与环境保护相关的视频中通过文字描述保护环境人们所能做到的力所能及的事，以引导人们的实际行动。在公益广告的片尾通过文字对广告内容进行总结，号召和倡导人们一起行动起来。

　　（4）广告的设计风格要具有特色，让环境污染和环境保护的视频画面呈现出强烈的对比，能够让人一目了然、印象深刻。

（5）设计分辨率为1920像素×1080像素，帧速率为25帧/秒，总时长为30秒左右，导出格式为MP4。

制作后的参考效果如图10-1所示。

素材位置：素材\第10章\公益广告素材\

效果位置：效果\第10章\"环境保护"公益广告.prproj、"环境保护"公益广告.mp4

高清视频

图10-1　"环境保护"公益广告参考效果

10.1.3　制作步骤

本案例的制作主要分为4个部分，其具体制作步骤如下。

1. 制作视频封面

视频教学：
制作"环境保护"
公益广告

STEP 1　新建一个名为"'环境保护'公益广告"的项目文件，将所有的视频素材导入"项目"面板，并分别创建"环境保护""环境污染"素材箱，根据视频内容将视频素材拖曳到相应的素材箱中进行分类，并重命名素材（"视频开头.mp4"和"片尾.mp4"素材无须分类）。

STEP 2　将音频素材导入"项目"面板，然后新建大小为"1920像素×1080像素"、名称为"视频封面"的序列文件。

STEP 3　在"项目"面板中将"视频开头.mp4"视频素材拖曳到V1轨道中，并保持现有设置，然后在"效果控件"面板中设置该素材的缩放为"53%"。

STEP 4　将时间指示器移到00:00:04:00处，按【W】键剪切视频。将时间指示器移到视频的开头，然后使用"文字工具" 输入文字"环境保护　从我做起"，设置文字字体为"方正综艺简体"、大小为"180"、颜色为白色，效果如图10-2所示。

STEP 5　复制文字，并修改复制的文字为"6·5世界环境日"，修改文字大小为"150"，然后调整文字的位置，效果如图10-3所示。

STEP 6　调整V2轨道上文字的时长至与整个视频的时长一致，然后将"轨道遮罩键"视频效果拖曳到V1轨道上，在"效果控件"面板中设置遮罩为"视频2"，完成视频封面的制作，效果如图10-4所示。

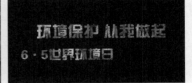

图10-2　添加并设置文字　　　　图10-3　调整文字的位置　　　　图10-4　视频封面

2. 制作视频中间部分

STEP 1　新建一个大小为"1920×1080"、名称为"视频中间部分"的序列文件。将"环境污染"素材箱中的第1个视频素材拖曳到新序列的V2轨道中，并保持现有设置，然后设置该素材的缩放为"56"。

STEP 2　在"项目"面板的"环境保护"素材箱中双击第1个视频素材，在"源"面板中设置入点为00:00:36:00、出点为00:00:42:00，然后将其拖曳到V1轨道中，设置该素材的缩放为"53"。

STEP 3　在V3轨道中输入文字，设置字体为"方正宋三简体"，并为文字添加阴影效果，调整字体的大小和位置，效果如图10-5所示。

STEP 4　选择V2轨道上的素材，在00:00:00:00位置激活"位置"关键帧，在00:00:02:00位置设置位置为"-65，540"。

STEP 5　新建V4轨道，选择V3轨道上的文字，按住【Alt】键，将其复制到V4轨道，然后调整复制的文字的位置并修改文字，效果如图10-6所示。

STEP 6　设置V4轨道上文字的入点为00:00:02:00，设置所有素材的出点均为00:00:05:00。为V3轨道和V4轨道上的素材统一添加"交叉溶解"视频过渡效果，如图10-7所示，然后嵌套所有素材。

图10-5　输入并调整文字　　　　图10-6　复制并修改文字　　　　图10-7　添加视频过渡效果

STEP 7　分别将"环境污染""环境保护"素材箱中的第2个视频拖曳到V2轨道和V1轨道的前一个序列的结束位置。设置V2轨道中素材的速度为500%，设置V1轨道中素材的缩放为"112"，然后在00:00:10:00位置按【W】键剪切视频。

STEP 8　选择V2轨道上的视频素材，在00:00:05:00位置激活"位置"关键帧，在00:00:02:00位置设置位置为"-807.0，540"。

STEP 9　选择V1轨道上的视频素材，设置位置为"1876，540"，然后删除该视频素材的原始音频。

STEP 10　双击打开嵌套序列，选择V3轨道和V4轨道上的视频素材并复制，返回"视频中间部分"序列，锁定V1轨道和V2轨道，然后粘贴复制的文字。

STEP 11　修改复制的文字，如图10-8所示，然后解锁被锁定的视频轨道，将所有视频素材嵌套。

STEP 12 将"环境污染"素材箱中的第3个视频拖曳到V2轨道的前一个序列的结束位置,设置素材的缩放为"110"、速度为200%。在00:00:18:18位置使用"剃刀工具" ✂ 剪切V2轨道上的视频,波纹删除剪切后的前一段视频。

STEP 13 在"项目"面板中设置"环境保护"素材箱中的第3个视频素材的速度为300%,然后双击该素材,在"源"面板中设置入点为00:00:01:12、出点为00:00:03:21,再将其拖曳到V1轨道;再次在"源"面板中设置入点为00:00:09:20,然后将其拖曳到V1轨道的前一段视频后面。

STEP 14 在"时间轴"面板中调整V2轨道素材的出点至与V1轨道素材的出点一致,并设置V1轨道素材的缩放为"110"。

STEP 15 选择V2轨道上的视频素材,在00:00:10:00位置激活"位置"关键帧,在00:00:12:08位置设置位置为"-37,540"。

STEP 16 使用与前面相同的方法复制、粘贴和修改文字,效果如图10-9所示,并调整文字的出点至与整个视频一致,然后将视频和文字素材嵌套。

STEP 17 将"环境污染"素材箱中的第4个视频拖曳到V2轨道的前一个序列的结束位置,设置素材的缩放为"56"。将"环境保护"素材箱中的第4个视频素材拖曳到V1轨道,在00:00:20:22位置使用"剃刀工具" ✂ 同时剪切V1轨道和V2轨道上的视频,并删除剪切后的后一段视频。

STEP 18 选择V2轨道上的视频素材,在00:00:14:16位置激活"位置"关键帧,在00:00:17:15位置设置位置为"-69,540"。

STEP 19 使用与前面相同的方法复制、粘贴和修改文字,效果如图10-10所示,并调整文字的出点至与整个视频一致,然后将视频和文字素材嵌套。

图10-8 修改文字

图10-9 复制、粘贴并修改文字(1)

图10-10 复制、粘贴并修改文字(2)

3. 制作视频结尾部分

STEP 1 新建一个大小为"1920×1080"、名称为"视频结尾部分"的序列文件。将"片尾.mp4"视频素材拖曳到V1轨道,设置其缩放为"113"、速度为150%。

STEP 2 将"裁剪"视频效果拖曳到V1轨道的素材中,将时间指示器移动到00:00:02:02位置,在"顶部"和"底部"栏各添加一个关键帧;将时间指示器移动到00:00:05:08位置,设置顶部和底部均为"50%"。

STEP 3 将时间指示器移动到00:00:00:24位置,输入广告主题文字,设置字体为"汉仪综艺体简",设置文字大小和字距,并调整文字的出点与整个视频的出点一致。

STEP 4 将文字的锚点调整至文字中心,然后将"高斯模糊"视频效果拖曳到V2轨道的素材中,在00:00:00:24位置激活"高斯模糊"栏中的"模糊度"关键帧,以及"文本"栏中的"缩放""不透明度"关键帧,设置参数值分别为"200""29""0%",在00:00:02:02位置将这3个参数的数值恢复为默认值,预览片尾,效果如图10-11所示。

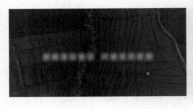

图10-11　片尾效果

4．添加音频并导出视频

STEP 1 新建一个大小为"1920×1080"、名称为"最终合成"的序列文件。依次将"视频封面""视频中间部分""视频结尾部分"3个序列拖曳到V1轨道。

STEP 2 将"音频素材.mp3"素材文件拖曳到"时间轴"面板的A1轨道中，在00:00:22:20位置剪切音频，删除前半段音频，并将后面的音频向前移动；然后在00:00:31:07位置剪切音频，删除后半段音频，完成对音频素材的剪辑。

STEP 3 在A1轨道的音频的开头和结尾添加"恒定增益"音频过渡效果，按【Ctrl+S】组合键保存文件，然后将视频导出为名称为"'环境保护'公益广告"的MP4格式的视频文件。

宣传片制作——"世界读书日"宣传片

10.2.1 案例背景

书籍是人类进步的阶梯，读书能让人启智增慧，给人力量和幸福。阅读状况是一个国家文明程度的重要标志，阅读是一个民族文明传承发展的必要基础。为了在全社会形成"多读书、读好书"的良好氛围和文明风尚，更好地提高全民道德修养和文化素质，推动经济社会又好又快地发展，有关部门开展了"全民阅读"活动。某读书会为响应"全民阅读"活动，决定在"世界读书日"发布一个宣传片，让公众将读书视为一种生活新常态，让全民阅读逐渐成为社会新风尚。

10.2.2 案例要求

为更好地完成"世界读书日"宣传片的制作，需要遵循以下要求。

（1）本例提供了7个视频素材和1个音频素材，要求将所有素材应用到宣传片中，如果有需要，可对部分素材进行剪切。

（2）为了不让文字的出现显得突兀，要求为宣传片中的文字添加视频过渡效果。

（3）本例的文案分为3个部分。第1部分文案位于视频片头，要求具有启发性，能够引发公众思考，如"我们为什么要读书？""读书能带给我们什么？"等；第2部分文案位于视频片中，需要通过回答视频片头所提出的问题来表现出读书所带来的好处；第3部分文案位于视频片尾，需要突出"世界读书日"这一主题。

（4）要求宣传片中的文案内容与视频画面相对应，如果视频画面为站在高处俯瞰城市，那么该段视频的文案内容就需要与高处有一定关联。

（5）要求在宣传片中添加提供的音频素材，并剪切为与视频相同的长度。

（6）设计分辨率为1920像素×1080像素，帧速率为25帧/秒，总时长为30秒左右，需导出为MP4格式的视频文件。

制作后的参考效果如图10-12所示。

素材位置： 素材\第10章\世界读书日素材\

效果位置： 效果\第10章\"世界读书日"宣传片.prproj、"世界读书日"宣传片.mp4

高清视频

图10-12　"世界读书日"宣传片参考效果

10.2.3　制作步骤

本案例的制作主要分为4个部分，其具体制作步骤如下。

视频教学：
制作"世界读书日"宣传片

1. 制作片头

STEP 1 新建一个名为"'世界读书日'宣传片"的项目文件，将需要的素材全部导入"项目"面板。

STEP 2 将"读书.mov"视频素材拖曳到"时间轴"面板中，取消音频和视频的链接后删除原始音频。

STEP 3 将时间指示器移动到00:00:01:26处，输入文字，设置字体为"汉仪中宋简"、描边颜色为"黑色"、描边宽度为"5"，调整文字的位置和大小，效果如图10-13所示。

STEP 4 在V2轨道的文字素材前面添加"径向擦除"视频过渡效果，并在"效果控件"面板中设置该效果为"反向"，然后在"时间轴"面板中将V1轨道和V2轨道上素材的出点统一调整为00:00:04:01。

2. 制作片中

STEP 1 将"风景.mp4"视频素材拖曳到V1轨道的前一个素材之后，在"Lumetri颜色"面板中设置曝光、对比度、自然饱和度分别为"1.1""35""20"，调色前后的对比效果如图10-14所示。

图10-13 输入并调整文字（1）

图10-14 调色前后的对比效果（1）

STEP 2 在00:00:04:08位置输入文字，并绘制填充颜色为"#AACDDD"、不透明度为"50%"的矩形作为文字底纹。

STEP 3 为上一步骤输入的文字添加"径向擦除"视频过渡效果，并在"效果控件"面板中设置该效果为"反向"、持续时间为"00:00:02:00"，预览效果如图10-15所示。

STEP 4 调整所有素材的出点均为00:00:07:03，将"海面.mp4"视频素材拖曳到V1轨道的前一个素材之后。

STEP 5 选择V2轨道上的第2个文字素材，按住【Alt】键将其向右拖曳复制到"海面.mp4"视频素材的入点位置，然后修改文字，效果如图10-16所示。

图10-15 预览效果

图10-16 复制并修改文字（1）

STEP 6 将"海面.mp4"视频素材的出点设置为00:00:09:28，将"草地.mp4"视频素材拖曳到V1轨道的前一个素材之后，使用同样的方法复制并修改文字，效果如图10-17所示。

STEP 7 设置"草地.mp4"视频素材的出点为00:00:12:23，将"山泉.mp4"视频素材拖曳到V1轨道的前一个素材之后，使用同样的方法复制并修改文字，效果如图10-18所示。

STEP 8 设置"山泉.mp4"视频素材的出点为00:00:15:18，将"奔跑.mp4"视频素材拖曳到V1轨道的前一个素材之后，设置缩放为"200"。

STEP 9 在"节目"面板中设置"奔跑.mp4"视频素材的入点为00:00:15:18、出点为00:00:26:28，然后单击"提取"按钮█。

STEP 10 设置"奔跑.mp4"视频素材的速度为200%，然后输入文字，并调整文字的位置，效果如图10-19所示。

图10-17 复制并修改文字（2）

图10-18 复制并修改文字（3）

图10-19 输入并调整文字（2）

STEP 11 将文字素材和"奔跑.mp4"视频素材的出点都调整为00:00:20:00，将"快速模糊入点"预设效果应用到V2轨道的最后一个文字素材中。

3. 制作片尾

STEP 1 将"结尾.mp4"视频素材拖曳到V1轨道的最后面，在"Lumetri颜色"面板中展开"创意"栏，设置阴影色彩和高光色彩为"淡黄色"；展开"晕影"栏，设置数量为"−3"、中点为"40"，调色前后的对比效果如图10-20所示。

STEP 2 在"结尾.mp4"视频素材中添加"高斯模糊"视频效果，设置模糊度为"20"，然后输入文字并绘制白色线条，效果如图10-21所示，为文字添加"快速模糊入点"预设效果。

STEP 3 将"音频素材.mp3"音频素材拖曳到A1轨道，调整"音频素材.mp3"音频素材、"结尾.mp4"视频素材和对应文字素材的出点均为00:00:23:22，再在音频的开始和结尾添加"恒定增益"音频过渡效果。

图10-20　调色前后的对比效果（2）　　　　　图10-21　输入文字并绘制线条

4. 保存文件和导出视频

STEP 1 按【Ctrl+S】组合键保存文件，以便后续修改源文件。

STEP 2 将"读书.mov"素材拖动到"时间轴"面板中会自动创建同名序列，将序列文件导出为名称为"'世界读书日'宣传片"的MP4格式的视频文件。

10.3
节目包装制作——"说走就走"旅行综艺节目包装

10.3.1　案例背景

节目包装是对电视节目，频道，节目中的音效、动画、画面等进行精心设计的一种吸引观众观看的常见手段。互联网时代迅速发展，现在的综艺节目越来越多，为了在类别多样的综艺节目中脱颖而出，现有一个旅行综艺节目"说走就走"需要制作一个包含角标、"本期预告"版式、"下期看点"版式的节目包装。

10.3.2　案例要求

为更好地完成"说走就走"旅行综艺节目包装的制作，需要遵循以下要求。

（1）本例提供视频片头素材，要将其应用在本例的节目包装中，与角标、"本期预告"版式、"下期看点"版式前后呼应，给人带来视觉上的流畅感、和谐感和自然感。

（2）为了使综艺节目包装中的文字、图形与节目Logo的整体风格和谐统一，在添加文字和绘制图形时，尽量选择节目Logo的颜色。

（3）综艺节目包装中的文案和装饰元素等要符合综艺节目的特征，风格偏向活泼、搞笑、轻松。

高清视频

（4）设计分辨率为1280像素×720像素，帧速率为25帧/秒，总时长为16秒左右。

制作后的参考效果如图10-22所示。

素材位置：素材\第10章\旅行综艺素材\

效果位置：效果\第10章\"说走就走"旅行综艺节目包装.prproj、"说走就走"旅行综艺节目包装.mp4

图10-22 "说走就走"旅行综艺节目包装参考效果

10.3.3 制作步骤

本案例的制作主要分为4个部分，其具体制作步骤如下。

1. 制作角标

STEP 1 新建一个名为"'说走就走'旅行综艺节目包装"的项目文件和一个大小为"1280×720"、像素长宽比为"方形像素（1.0）"的序列文件，然后将需要的素材全部导入"项目"面板。

视频教学：
制作"说走就走"
旅行综艺节目
包装

STEP 2 在"项目"面板中选择"Logo.png"素材，单击鼠标右键，在弹出的下拉列表框中选择"从剪辑新建序列"命令。

STEP 3 在"时间轴"面板中选择"Logo.png"素材，激活"缩放"关键帧，在00:00:00:05和00:00:00:15位置设置缩放为"80"，在00:00:00:10和00:00:00:20位置设置缩放为"100"。

STEP 4 选择所有关键帧并复制，分别在00:00:01:20、00:00:03:16位置粘贴关键帧。

2. 制作"本期预告"版式

STEP 1 返回"序列01"文件，将"冲浪.mp4"视频素材拖曳到"时间轴"面板的V1轨道中，在弹

出的对话框中单击 保持现有设置 按钮，设置该素材的缩放为"37"。

STEP 2 将"项目"面板中的"Logo.png"素材拖曳到V2轨道，然后激活"旋转"关键帧。将时间指示器移动到00:00:00:05处，设置旋转为"180"；将时间指示器移动到00:00:00:10处，设置旋转为"0"。

STEP 3 将时间指示器移动到00:00:01:00处，激活"缩放"和"位置"关键帧，将时间指示器移动到00:00:01:15处，设置缩放为"29"、位置为"1100,573"，效果如图10-23所示。

STEP 4 将"Logo"序列拖曳到V2轨道的时间指示器位置，如图10-24所示，设置"Logo"序列的缩放和位置分别为"29""1100,573"。

STEP 5 使用"椭圆工具" ⬤ 在"节目"面板中绘制一个圆形，设置颜色为"#49FFFF"，然后调整其大小与位置，效果如图10-25所示。

图10-23　移动Logo效果

图10-24　拖曳序列

图10-25　绘制圆形

STEP 6 打开"基本图形"面板，选择"形状 01"图层，单击"切换动画的位置"按钮▦，设置位置为"-390.1，347.5"。

STEP 7 将时间指示器移动到00:00:02:00处，重新在"基本图形"面板中设置位置为"-69.1，347.5"。

STEP 8 在00:00:02:00位置再次绘制一个颜色为"#C9A3FF"的圆形，效果如图10-26所示。

STEP 9 打开"基本图形"面板，选择"形状 02"图层，单击"切换动画的位置"按钮▦，设置位置为"-240.5，361.5"；将时间指示器移动到00:00:02:03处，重新在"基本图形"面板中设置位置为"101.5，361.5"。

STEP 10 在"基本图形"面板中按【Ctrl+C】组合键复制"形状 02"图层，按【Ctrl+V】组合键粘贴图层，修改复制的图层的名称为"形状 03"，修改图层中的形状的颜色为"#FFFF4C"。

STEP 11 将时间指示器移动到00:00:02:05处，在"效果控件"面板展开"形状（形状 03）"栏，选择两个"位置"关键帧，将其移动到时间指示器所在位置，如图10-27所示。

STEP 12 使用相同的方法在"基本图形"面板中制作一个"形状 04"图层（图层中形状的颜色为白色），并移动"位置"关键帧到00:00:02:10处。输入"本期预告"文字，设置文字字体为"汉仪中黑简"、大小为"50"，移动文字到白色圆形内。

STEP 13 将时间指示器移动到00:00:02:20处，在"基本图形"面板中单击"切换动画的不透明度"按钮▦，设置不透明度为"0%"；将时间指示器移动到00:00:03:00处，设置不透明度为"100%"。

STEP 14 将时间指示器移动到00:00:04:00处，在"效果控件"面板中展开"视频"栏，激活"位置"关键帧；将时间指示器移动到00:00:05:00处，设置位置为"298，360"。

STEP 15 将时间指示器移动到00:00:05:10处，选择"冲浪.mp4"素材，单击鼠标右键，在弹出的下拉列表框中选择"添加帧定格"命令。

STEP 16 导入"皇冠.png"素材,将其拖曳到V4轨道的时间指示器位置,并调整皇冠的大小和位置,将其置于左侧人物头上;然后使用"钢笔工具" 绘制一个颜色为"#CC0A0A"的披风,通过"波形变形"和"湍流置换"视频效果使披风有被风吹动的感觉,效果如图10-28所示。

图10-26 再次绘制圆形　　　　　图10-27 移动关键帧　　　　　图10-28 绘制披风

STEP 17 输入"冲浪王者:李言"文字,设置文字字体为"方正综艺简体"、颜色为"白色"、大小为"35",并为文字添加颜色为"#6C94FF"、宽度为"4"的描边效果,使文字位于画面左侧。

STEP 18 将皇冠、披风、人物出场文字素材的出点都调整为00:00:06:14,为人物出场文字应用"线性擦除"视频效果。在"效果控件"面板中设置擦除角度为"-90"、过渡完成为"95%";激活"过渡完成"关键帧,将时间指示器移动到00:00:06:00处,设置过渡完成为"67%"。

3. 制作"下期看点"版式

STEP 1 将"冲浪.mp4"素材的出点调整为00:00:06:15,然后将"人物出场.mp4"素材导入"项目"面板,再将其拖曳到"冲浪.mp4"素材的出点之后。设置"人物出场.mp4"素材的速度为200%、缩放为"68",然后为其添加"线性擦除"视频效果。

STEP 2 在"效果控件"面板中设置"线性擦除"视频效果的过渡完成为"27%"、擦除角度为"245",再设置"人物出场.mp4"素材的位置为"262,360",使人物位于画面中心。

STEP 3 将"人物出场2.mp4"素材导入"项目"面板,然后将其拖曳到"人物出场.mp4"素材的上方,设置"人物出场2.mp4"素材的速度为200%、缩放为"68",然后调整该素材的出点与"人物出场.mp4"素材的出点相同。

STEP 4 为"人物出场2.mp4"素材添加"线性擦除"视频效果,在"效果控件"面板中设置"线性擦除"视频效果的过渡完成为"34%"、擦除角度为"65",然后再设置"人物出场2.mp4"素材的位置为"900,360",使其与"人物出场.mp4"素材无缝衔接。

STEP 5 选择V2轨道的"Logo"序列,按住【Alt】键,将其拖曳复制到V3轨道的时间指示器位置。输入文字"下期看点",设置文字字体为"方正综艺简体"、字距为"89",并为文字添加颜色为"#6C94FF"、宽度为"4"的描边效果。

STEP 6 在文字下方绘制一个颜色为"#39D6FF"的矩形作为文字装饰,效果如图10-29所示。

STEP 7 为V4轨道上的图形素材添加"快速模糊入点"预设效果,在"效果控件"面板中调整第2个"模糊度"关键帧的位置为"00:00:07:03"。

STEP 8 在画面左下角绘制一个颜色为"#39D6FF"的矩形,然后使用"钢笔工具" 选中矩形左上角的控制点（控制点变为实心即表示处于选中状态），将其向右轻微移动。使用相同的方法移动矩形右上角的控制点，制作倾斜的矩形，如图10-30所示。

STEP 9 在"基本图形"面板中选择"形状 02"图层并复制，修改复制的图层的名称为"形状03"。

STEP 10 选择"形状 02"图层，设置该形状无填充颜色，设置描边颜色为"#39D6FF"；选择"形状 03"图层，在"节目"面板中调整形状的长度，效果如图10-31所示。

图10-29　绘制矩形

图10-30　制作倾斜的矩形

图10-31　调整形状的长度

STEP 11 在矩形中输入文字内容，设置字体均为"方正兰亭黑简体"，并为"导演"二字添加颜色为"#6C94FF"、宽度为"3"的描边效果，如图10-32所示。

STEP 12 在"效果控件"面板中展开"文本（下期要来两位神秘嘉宾）"栏，激活"源文本"关键帧，将时间指示器移动到00:00:07:16处，然后修改文字为"大家值得期待"。

STEP 13 将时间指示器移动到00:00:08:10处，在"基本图形"面板中选择"大家值得期待"文本图层，在"基本图形"面板中的"文本"栏中选中"文本蒙版"复选框，制作出下方字幕消失的效果。

STEP 14 此时发现"下期看点"文字受到文本蒙版影响被隐藏了，可在"基本图形"面板中选择最下方的3个图层，将其移动到文本蒙版上方，使其不受文本蒙版影响，如图10-33所示。

STEP 15 在画面中间输入文字，并使文字居中对齐，效果如图10-34所示，然后调整V5轨道的视频的出点至与其余素材的出点一致。

图10-32　输入并调整文字

图10-33　调整图层顺序

图10-34　输入文字

4.　合成完整视频

STEP 1 新建一个大小为"1280×720"、像素长宽比为"方形像素（1.0）"、名称为"合成"的序列文件。

STEP 2 将"片头.mp4"视频素材导入"项目"面板，然后将其拖曳到V1轨道中，将"序列01"序列文件拖曳到V1轨道的"片头.mp4"视频素材后面。

STEP 3 按【Ctrl+S】组合键保存文件，然后将文件导出为名称为"'说走就走'旅行综艺节目包装"的MP4格式的视频文件。

10.4
Vlog制作——"毕业旅行"旅拍Vlog

10.4.1 案例背景

随着毕业季的到来，毕业旅行成为热门话题。某学生准备与朋友一起去毕业旅行，以调整心态、增长见识，并决定将旅行见闻通过视频的形式记录下来，然后制作成一个旅拍Vlog，便于以后与朋友一同追忆青春。

10.4.2 案例要求

为更好地完成"毕业旅行"旅拍Vlog的制作，需要遵循以下要求。

（1）Vlog片头要有创意，要引起观者继续观看的欲望，因此可在Vlog片头制作一个主题文字逐字出现，然后单击按钮，随即切换到Vlog片中的动画效果。

（2）旅拍Vlog的文案风格应以朴实自然为主，尽量贴近日常生活，要突出真情实感，引起观者的共鸣。

（3）在Vlog中添加提供的音频素材，并将其剪切为与视频相同的长度。

（4）设计分辨率为1920像素×1080像素，帧速率为25帧/秒，总时长为35秒左右。

制作后的参考效果如图10-35所示。

素材位置：素材\第10章\"毕业旅行"旅拍\

效果位置：效果\第10章\"毕业旅行"旅拍Vlog.prproj、"毕业旅行"旅拍Vlog.mp4

高清视频

图10-35 "毕业旅行"旅拍Vlog参考效果

10.4.3　制作步骤

本案例的制作主要分为3个部分，其具体制作步骤如下。

1. 制作片头

视频教学：
制作"毕业旅行"
旅拍 Vlog

STEP 1　新建一个名为"'毕业旅行'旅拍Vlog"的项目文件，再新建一个大小为"1920×1080"、名称为"视频片头"、像素长宽比为"方形像素（1.0）"的序列文件，以及一个白色的颜色遮罩。

STEP 2　将颜色遮罩拖曳到"时间轴"面板中，然后导入所需素材（导入PSD文件时，以序列的方式导入）。将"边框.png"素材拖曳到V2轨道中，然后设置其缩放为"97"。

STEP 3　新建两个视频轨道，将"搜索框"素材箱中的"搜索框"序列拖曳到V3轨道中，设置缩放为65；将"箭头.png"素材拖曳到V4轨道中，设置缩放为"30"，然后将其调整到合适的位置，效果如图10-36所示。

STEP 4　在当前时间点输入文字内容，设置文字颜色为"#531B23"、字体为"方正少儿简体"，并调整文字的位置和大小，效果如图10-37所示。

STEP 5　为文字素材应用"裁剪"视频效果，在"效果控件"面板中激活"右侧"关键帧，设置右侧为"70%"；将时间指示器移动到00:00:01:12处，恢复右侧的默认值。

STEP 6　选择"箭头.png"素材，在视频开头激活"位置"关键帧，在00:00:00:20位置添加一个"位置"关键帧，在00:00:01:04位置移动"箭头.png"素材，效果如图10-38所示。

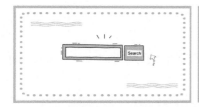

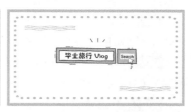

图 10-36　调整素材的位置　　　　图 10-37　添加并调整文字　　　　图 10-38　移动素材

STEP 7　双击打开"搜索框"序列，调整V2轨道中素材的锚点到文字中心处。将时间指示器移动到视频开头，激活"缩放"关键帧；将时间指示器移动到00:00:01:04处，添加一个"缩放"关键帧；将时间指示器移动到00:00:01:07处，设置缩放为"80"；将时间指示器移动到00:00:01:10处，设置缩放为"100"，制作按钮被按下又弹起的效果。

STEP 8　将时间指示器移动到00:00:02:00处，按【W】键剪切所有素材，完成视频片头的制作。

2. 制作片中

STEP 1　新建一个大小为"1920×1080"、名称为"视频片中"、像素长宽比为"方形像素（1.0）"的序列文件，再将白色的颜色遮罩拖曳到V1轨道中。

STEP 2　将"骑行.mp4"素材拖曳到V2轨道中，设置缩放为"77"，为其添加"裁剪"视频效果。在"效果控件"面板中设置该视频效果的左侧为"41%"、右侧为"29%"，然后移动素材，效果如图10-39所示。

STEP 3　在"源"面板中查看"海.mp4"素材，设置入点和出点分别为00:00:08:13、00:00:18:13，

然后将设置入点和出点后的视频片段拖曳到V3轨道，设置缩放为"56"，然后为该素材添加"裁剪"视频效果，设置视频效果参数后移动素材，效果如图10-40所示。

STEP 4 新建一个视频轨道，将"出行.mp4"素材拖曳到V4轨道，设置缩放为"50"，然后为该素材添加"裁剪"视频效果，设置视频效果参数后移动素材，效果如图10-41所示。

图10-39　移动第1个素材　　　　　图10-40　移动第2个素材　　　　　图10-41　移动第3个素材

STEP 5 调整V1～V4轨道上的素材的出点均为00:00:06:10。将时间指示器移动到视频开头，选择V2轨道上的素材，激活"位置"关键帧，设置位置为"163，1642"；将时间指示器移动到00:00:01:10处，设置位置为"163，539"。

STEP 6 将时间指示器移动到视频开头，选择V4轨道上的素材，激活"位置"关键帧，设置位置为"1479，1620"；将时间指示器移动到00:00:01:10处，设置位置为"1479，540"。

STEP 7 将时间指示器移动到视频开头，选择V3轨道上的素材，激活"位置"关键帧，设置位置为"1019，-615"；将时间指示器移动到00:00:01:10处，设置位置为"1019，475"。

STEP 8 将时间指示器移动到00:00:02:00处，然后输入文字，设置文字的位置和旋转角度，并为文字添加颜色为"黑色"、宽度为"5"的描边效果，如图10-42所示。

STEP 9 将文字的锚点移到文字中心位置，在当前位置激活文字的"缩放"关键帧，设置缩放为"0"；将时间指示器移动到00:00:04:12处，设置缩放为"100"。

STEP 10 将"出行.mp4"视频拖曳到V1轨道的上一个素材之后，设置缩放为"55"，在00:00:09:00位置按【W】键剪切视频，然后输入文字，效果如图10-43所示。

STEP 11 移动时间指示器到视频的开始位置，选择V2轨道的文字素材，在"效果控件"面板中激活"源文本"关键帧，将时间指示器移动到00:00:08:14处，然后修改文字，效果如图10-44所示，调整文字的时长与整个视频一致。

图10-42　添加描边效果　　　　　图10-43　输入文字（1）　　　　　图10-44　修改文字（1）

STEP 12 将"住宿.mp4"视频拖曳到V1轨道的上一个素材之后，设置缩放为"55"，然后输入文字，效果如图10-45所示。

STEP 13 选择文字素材，在"效果控件"面板中激活"源文本"关键帧，将时间指示器移动到00:00:11:14处，然后修改文字，效果如图10-46所示。

STEP 14 将"日出.mp4"视频拖曳到V2轨道的上一个素材之后，设置缩放为"52"。

STEP 15 将时间指示器移动到00:00:15:21处，添加文字和文字阴影。将"太阳.png"素材拖曳到V4轨道，设置缩放为"13"，效果如图10-47所示，然后调整"日出.mp4"、"太阳.png"和文字素材的出点均为00:00:18:11。

图10-45　输入文字（2）　　　　　图10-46　修改文字（2）　　　　　　图10-47　添加素材

STEP 16 将"骑行.mp4"视频素材拖曳到V1轨道的时间指示器位置，然后在00:00:19:10位置剪切该视频，并删除后半段视频，再为视频添加文字和文字阴影，效果如图10-48所示。

STEP 17 在"源"面板中清除"海.mp4"视频素材的入点和出点，将其拖曳到V1轨道的时间指示器位置，然后在00:01:01:08位置剪切该视频，并删除前半段视频，再为视频添加文字和文字阴影，效果如图10-49所示。

STEP 18 将"烧烤.mp4"视频素材拖曳到V1轨道的前一个素材之后，设置时间为"200%"。

STEP 19 将"烤串.png"素材拖曳到V2轨道的前一个素材之后，设置缩放为"10"、旋转为"-87"，然后输入文字，效果如图10-50所示。

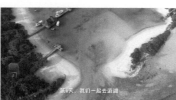

图10-48　添加文字和文字阴影（1）　　图10-49　添加文字和文字阴影（2）　　图10-50　输入文字（3）

STEP 20 选择V4轨道的文字素材，在"效果控件"面板中激活"源文本"关键帧，将时间指示器移动到00:00:28:00处，然后修改文字，效果如图10-51所示，将所有素材的出点均调整为00:00:29:05。

STEP 21 将"飞机.mp4"视频素材拖曳到V1轨道的前一个素材之后，设置缩放为"60"、速度为300%。

STEP 22 输入图10-52所示的文字，为文字添加"快速模糊入点""快速模糊出点"预设效果。激活该文字的"源文本"关键帧，将时间指示器移动到00:00:31:07处，修改文字，再次添加一段文字，效果如图10-53所示，然后将所有素材的出点均调整为00:00:33:08。

图10-51　修改文字（3）　　　　　图10-52　输入文字（4）　　　　　图10-53　添加一段文字

STEP 23 将时间指示器移动到00:00:31:07处，选择"飞机.mp4"素材，单击鼠标右键，在弹出的下拉列表框中选择"添加帧定格"命令。

STEP 24 新建一个视频轨道，选择"飞机.mp4"素材上方V2轨道和V3轨道中的文字，将其向上移动一个轨道，如图10-54所示。

STEP 25 将V1轨道上的最后一个素材向上平移到V2轨道，再调整此时V1轨道上最后一个素材的出点位置，如图10-55所示。

STEP 26 选择V2轨道上的最后一个素材，设置其位置为"1042，540"、缩放为"37"、旋转为"-12"，然后为其添加"粗糙边缘"视频效果，并在"效果控件"面板中设置视频效果参数，完成后的画面效果如图10-56所示。

图10-54　移动轨道中的素材

图10-55　调整素材的出点位置

图10-56　查看效果

STEP 27 将时间指示器移动到00:00:31:07处，选择V1轨道上的最后一个素材，按【Ctrl+K】组合键剪切，为后半部分素材添加"高斯模糊"视频效果，并在"效果控件"面板中设置模糊度为"120"。

3. 合成视频

STEP 1 新建一个大小为"1920×1080"、名称为"合成视频"、像素长宽比为"方形像素（1.0）"的序列文件。

STEP 2 将"视频片头""视频片中"序列依次拖曳到V1轨道，将"打字音效.mp3"素材拖曳到A1轨道，替换原始音频。在00:00:01:23位置剪切音频素材，然后删除后半段音频。

STEP 3 将"音频素材.wav"音频素材拖曳到A1轨道的前一个素材之后，然后调整该音频的出点与整个视频的出点一致。

STEP 4 按【Ctrl+S】组合键保存文件，然后将文件导出为名称为"'毕业旅行'旅拍Vlog"的MP4格式的视频文件。

10.5
电商短视频制作——"柠檬鲜果"产品短视频

10.5.1　案例背景

随着互联网的高速发展和移动智能终端的普及，短视频凭借"短、平、快"的大流量传播内容逐渐获得了各大平台的青睐。某电商商家的柠檬即将上市，为了让更多人了解该产品，商家准备制作一个主题为"柠檬鲜果"的产品短视频。

10.5.2 案例要求

为更好地完成"柠檬鲜果"产品短视频的制作，需要遵循以下要求。

（1）视频片头要有动感和创意，并且主题要明确、产品要突出。

（2）文案分为3个部分。第1部分文案位于视频片头，要体现出产品主题和活动时间；第2部分文案位于视频片中，需要从多个方面展现产品的卖点，并且要贴合视频画面；第3部分文案位于视频片尾，需要为消费者提供一些提示、帮助，让消费者感受到商家的诚意。

（3）对部分素材进行调色处理，使产品的色调更能引起消费者的购买欲望。

（4）在短视频中添加提供的音频素材，并剪切为与视频相同的长度。

（5）将最终作品导出为MP4格式的视频文件，便于之后发布在短视频平台进行活动预热。

高清视频

（6）设计分辨率为1280像素×720像素，帧速率为25帧/秒，总时长为23秒左右。

制作后的参考效果如图10-57所示。

素材位置：素材\第10章\水果素材\

效果位置：效果\第10章\"柠檬鲜果"产品短视频.prproj、"柠檬鲜果"产品短视频.mp4

图10–57 "柠檬鲜果"产品短视频参考效果

10.5.3 制作步骤

本案例的制作主要分为3个部分，其具体制作步骤如下。

1．制作片头

STEP 1 新建一个名为"'柠檬鲜果'产品短视频"的项目文件，新建一个大小为"1280×720"、像素长宽比为"方形像素（1.0）"的序列文件，将需要的视频素材全部导入"项目"面板。

STEP 2 将"1.mp4"视频素材拖曳到V2轨道，设置缩放为"40"，在00:00:03:10位置按【Q】键剪切视频，然后设置视频速度为120%。

STEP 3 为V2轨道中的素材添加"颜色键"视频效果，并在"效果控件"面板中设置相应的参数，抠除画面中的蓝色背景，抠除前后的对比效果如图10-58所示。

STEP 4 新建一个颜色为"#E3CB7A"的颜色遮罩，然后将其拖曳到V1轨道，并为该颜色遮罩应用"纯色合成"视频效果。

STEP 5 将时间指示器移动到00:00:00:04处，选择颜色遮罩，按【Ctrl+K】组合键剪切。使用相同的方法依次在00:00:00:08、00:00:00:10、00:00:00:13、00:00:00:17、00:00:00:21、00:00:01:01、00:00:01:09、00:00:01:15、00:00:01:19、00:00:01:23、00:00:02:01处剪切颜色遮罩，将颜色遮罩分为12段，如图10-59所示。

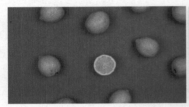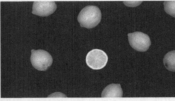
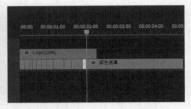

图10-58　抠除前后的对比效果　　　　　　　　　　图10-59　剪切颜色遮罩

STEP 6 选择第2段颜色遮罩，在"效果控件"面板中展开"纯色合成"栏，设置颜色为"#8DE5D5"、源不透明度为"0%"。然后使用相同的方法依次修改第3～12段颜色遮罩的颜色为"#E6C1EC""#EAECC1""#D1C1EC""#ECC1C1""#BADEC0""#DAE4BF""#BDF6FF""#FFEEB4""#F9B3B3""#E3CB7A"。

视频教学：
制作"柠檬鲜果"
产品短视频

STEP 7 预览视频，发现画面中的柠檬产品颜色较为暗淡，为V2轨道的素材添加"Lumetri颜色"视频效果，在"效果控件"面板中通过调整RGB曲线增加柠檬产品的亮度和对比度，如图10-60所示，调色前后的对比效果如图10-61所示。

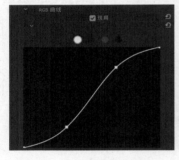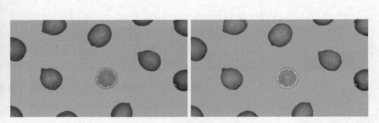

图10-60　调整RGB曲线　　　　　　　　　　图10-61　调色前后的对比效果

STEP 8 将时间指示器移动到00:00:02:09处，然后输入文字，并设置文字字体为"方正字迹-新手书"、大小为"150"。复制该文字，修改文字的大小为"50"、字距为【140】，并修改文字、调整文字位置，效果如图10-62所示。

STEP 9 为文字素材添加"块溶解"视频效果，在"效果控件"面板中设置"块溶解"视频效果的参数，如图10-63所示。

STEP 10 在当前位置激活"过渡完成"关键帧，将时间指示器移动到00:00:03:00处，设置过渡完成为"0%"，然后将所有素材的出点都设置为00:00:03:15，如图10-64所示。

图10-62 输入文字　　　图10-63 设置"块溶解"视频 　　图10-64 设置素材出点
效果参数

2. 制作片中

STEP 1 将"采摘.mp4"视频拖曳到V1轨道的00:00:03:15处，设置缩放为"35"；将时间指示器移动到00:00:08:10处，按【Q】键剪切视频。

STEP 2 激活"采摘.mp4"视频的"缩放"关键帧，设置缩放为"100"；将时间指示器移动到00:00:04:05处，设置缩放为"35"。

STEP 3 在00:00:04:15处使用"矩形工具" ■在画面中绘制一个白色矩形作为装饰，如图10-65所示。

STEP 4 在当前位置激活"不透明度"和"位置"关键帧，设置不透明度为"0%"；在00:00:05:10位置设置不透明度为"100%"、旋转为"15"，再次创建一个"位置"关键帧。

STEP 5 在00:00:06:14处调整矩形的位置，并在V3轨道中绘制一个白色矩形作为文字背景，效果如图10-66所示。

STEP 6 在"效果控件"面板中展开形状栏，在其中单击"自由绘制贝塞尔曲线"按钮 ，激活"蒙版"栏，设置蒙版羽化为"0"，然后在"节目"面板中绘制蒙版，如图10-67所示。

图10-65 绘制装饰矩形　　　图10-66 绘制文字背景矩形　　　图10-67 绘制蒙版

STEP 7 为V3轨道的矩形应用"线性擦除"视频效果。在"效果控件"面板中设置过渡完成为"41%"、擦除角度为"270"，然后激活"过渡完成"关键帧；将时间指示器移动到00:00:07:14处，设置过渡完成为"0%"。

STEP 8 调整V2轨道和V3轨道的图形素材的出点至与V1轨道的视频素材的出点一致，将时间指示器移动到00:00:07:05处，输入文字，并设置文字颜色为"黑色"、字体为"黑体"，效果如图10-68所示。

STEP 9 为文字添加"交叉溶解"视频过渡效果，并设置视频过渡效果的持续时间为"00:00:00:10"，设置文字的出点与其他轨道中素材的出点一致。

STEP 10 将V2轨道和V3轨道上的图形素材，以及V4轨道上的文字素材嵌套，然后将"细节1.mp4"视频拖曳到V1轨道的00:00:08:17位置，设置该素材的缩放为"35"。

STEP 11 在"项目"面板中复制嵌套序列素材，然后将复制的嵌套序列素材拖曳到V2轨道的"细节1.mp4"视频上方，调整"细节1"视频的出点与V2轨道嵌套序列素材的出点一致，再修改复制的嵌套序列素材中的文字，效果如图10-69所示。

STEP 12 将"细节2.mp4"视频拖曳到V1轨道的00:00:12:19位置，设置该素材的缩放为"35"、速度为150%。

STEP 13 选择"细节2.mp4"视频，在"Lumetri颜色"面板中设置饱和度为"135"。在"项目"面板中复制嵌套序列素材，然后将复制的嵌套序列素材拖曳到V2轨道的"细节2.mp4"视频上方，调整"细节2"视频的出点与V2轨道嵌套序列素材的出点一致，再修改复制的嵌套序列素材中的文字，效果如图10-70所示。

图10-68 输入并设置文字（1）　　图10-69 修改文字（1）　　图10-70 修改文字（2）

3. 制作片尾

STEP 1 将"柠檬水.mp4"视频拖曳到V1轨道的00:00:16:21位置，设置该素材的速度为200%、缩放为"81"、位置为"506,360"。

STEP 2 新建一个白色的颜色遮罩，将其拖曳到V2轨道的"柠檬水.mp4"视频上方。选择颜色遮罩，在"效果控件"面板中单击"创建椭圆形蒙版"按钮■，激活"蒙版"栏，设置蒙版羽化为"0"，选中"已反转"复选框。

STEP 3 在"节目"面板中调整蒙版的位置和大小效果如图10-71所示，在当前位置激活"蒙版路径"关键帧，将时间指示器移动到00:00:18:07处，在"效果控件"面板中选择"蒙版（1）"参数，在"节目"面板中选择蒙版，向左平移蒙版，效果如图10-72所示。

STEP 4 以序列的形式导入"装饰.psd"素材，然后将"装饰"序列拖曳到V3轨道的当前时间点位置，设置该素材的位置为"934，330"、缩放为"80"。

STEP 5 将时间指示器移动到00:00:18:12处，输入文字内容，设置文字字体为"汉仪黑咪体简"、颜色为"#FEB544"，并为文字添加阴影，效果如图10-73所示。

图10-71 调整蒙版的大小和位置（1）　　图10-72 平移蒙版　　图10-73 输入并设置文字（2）

STEP 6 打开"装饰"序列，选择V4轨道上的素材，在"效果控件"面板中选择"锚点"参数，在"节目"面板中将锚点移动到第1个素材的中心位置，如图10-74所示。

STEP 7 激活"缩放""不透明度"关键帧，设置缩放为"30"、不透明度为"0"；将时间指示器移动到00:00:00:10处，设置缩放为"100"、不透明度为"100%"。

STEP 8 选择V3轨道上的素材，调整锚点到第2个素材的中心位置，然后在当前位置激活"缩放""不透明度"关键帧，设置缩放为"35"、不透明度为"0"；将时间指示器移动到00:00:00:20处，设置缩放为"100"、不透明度为"100%"。

STEP 9 选择V2轨道上的素材，调整锚点到第3个素材的中心位置，然后在当前位置激活"缩放""不透明度"关键帧，设置缩放为"60"、不透明度为"0"；将时间指示器移动到00:00:01:05处，设置缩放为"100"、不透明度为"100%"。

STEP 10 选择V1轨道上的素材，调整锚点到第4个素材的中心位置，然后在当前位置激活"缩放""不透明度"关键帧，设置缩放为"40"、不透明度为"0"；将时间指示器移动到00:00:01:15处，设置缩放为"100"、不透明度为"100%"。

STEP 11 返回"序列1"序列，输入竖排文字，设置文字字体为"方正准圆简体"，并调整文字的位置与大小，如图10-75所示。

STEP 12 复制该文字，并调整复制后的文字的位置和修改文字，如图10-76所示，调整轨道中所有素材的出点均为00:00:23:12。

图10-74 移动锚点 　　　图10-75 输入并设置文字（3）　　　图10-76 复制并修改文字

STEP 13 选择V5轨道的文字素材，在"效果控件"面板中单击"创建四点多边形蒙版"按钮■，激活"蒙版"栏，在"节目"面板中调整蒙版的大小和位置，如图10-77所示，然后在"效果控件"面板中添加一个"蒙版路径"关键帧。

STEP 14 将时间指示器移动到00:00:20:09处，调整蒙版的大小，如图10-78所示。

STEP 15 删除音频轨道中的素材，然后导入"背景音乐.mp3"素材，将其拖曳到A1轨道中，在00:00:23:12位置剪切音频，并删除后半段音频，如图10-79所示。

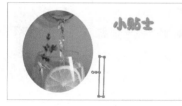 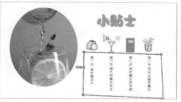 

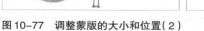

图10-77 调整蒙版的大小和位置（2）　　　图10-78 调整蒙版的大小　　　图10-79 剪切音频并删除后半段

STEP 16 在音频的结尾处添加"恒定增益"音频过渡效果，按【Ctrl+S】组合键保存文件，然后将文件导出为名称为"'柠檬鲜果'产品短视频"的MP4格式的视频文件。

10.6 课后练习

练习 1 制作"森林防火"公益广告

森林防火期即将到来，某森林防火指挥部需要制作一个以"森林防火"为主题的公益广告，向大众宣传森林防火的重要性。要求在广告中展现提供的视频素材，并且通过文案体现广告的主旨，添加文案时，可通过调整文字的大小以突出重要文字，或者通过遮罩文字强调广告主旨，参考效果如图10-80所示。

高清视频

图10-80 "森林防火"公益广告参考效果

素材位置： 素材\第10章\森林防火素材\

效果位置： 效果\第10章\"森林防火"公益广告.prproj

练习 2 制作"千晟集团"企业宣传片

千晟集团二十周年庆即将到来，集团宣传部门准备借此机会大力宣传企业。现需要制作一个企业宣传片，要求宣传片展现出企业的发展历程，并采用扁平化风格提高观赏性和艺术性，参考效果如图10-81所示。

高清视频

图10-81 "千晟集团"企业宣传片参考效果

素材位置: 素材\第10章\企业宣传片素材\

效果位置: 效果\第10章\"千晟集团"企业宣传片.prproj

练习 3 制作水墨风节目片头视频

高清视频

某国风综艺节目需要制作一个水墨风格的节目片头视频,要求在视频中展现提供的视频、音频和装饰素材,并且视频的整体效果要符合水墨风格的特点。在制作背景时,可在视频中添加一些云雾飘散的效果,烘托画面的整体氛围;在制作文字出现动画时,可添加像水墨一样慢慢显现的效果,参考效果如图10-82所示。

图10-82 水墨风节目片头视频参考效果

素材位置: 素材\第10章\水墨风节目片头素材\

效果位置: 效果\第10章\水墨风节目片头视频.prproj

练习 4 制作"坚果"产品短视频

高清视频

某商家想要制作一个"坚果"产品短视频,用于发布到淘宝平台中作为主图视频。要求在视频中展现品牌名称,并且还要通过文案体现产品卖点,以吸引消费者购买产品。制作时,可为视频添加背景,并导入需要的装饰素材来丰富画面效果,参考效果如图10-83所示。

图10-83 "坚果"产品短视频参考效果

素材位置: 素材\第10章\坚果素材\

效果位置: 效果\第10章\"坚果"产品短视频.prproj

▶ **广告制作**

产品推广广告

家装节 H5 广告

品牌宣传广告

元宵节活动广告

▶ **宣传片制作**

科普宣传片

环保公益宣传片

城市形象宣传片

旅游宣传片

▶ **节目包装制作**

访谈节目包装

科教栏目包装

励志节目包装

新闻栏目包装

▶ **电商短视频制作**

不锈钢锅短视频

行李箱短视频

手表短视频

水果短视频

人邮教育

"创新设计思维"
数字媒体与艺术设计类
新形态丛书

Pr

Premiere Pro CC

视频剪辑基础教程 移|动|学|习|版

互联网＋数字艺术教育研究院 策划

严飞 范兴亮 柳冰蕊 主编 **谭蓉 郭亚琴 王蕊** 副主编

54个 教学视频	**29**个 商业案例	**19**个 实训和练习	丰富的 **教学资源**
同步导学，扫码即可观看	精选典型示例，强化设计能力	学练结合，巩固提升	配套 PPT、拓展案例、模拟试题库、教案等

中国工信出版集团　人民邮电出版社
POSTS & TELECOM PRESS